中国高等学校电子教育学会黑龙江省分会"十三五"规划教材

单片机基础实训教程

（基于80C51+Proteus仿真）

张艳鹏 张博阳 刘 铭 主 编

U0318590

HE UP 哈尔滨工程大学出版社

内 容 简 介

本书是为培养单片机技术开发和嵌入式技术开发方面的人才,由作者根据多年单片机技术方面的教学经验及实际开发经验编写的实训教程,旨在对掌握C语言基础的学生通过Proteus软件仿真实现对单片机基本内容的学习。全书共分为8章,内容包括:单片机基础知识、Proteus仿真软件、单片机I/O电路实训项目、单片机显示设备实训项目、单片机键盘接口电路实训项目、单片机定时/计数器与中断技术实训项目、单片机A/D转换与D/A转换技术实训项目和单片机串行口通信实训项目。

本书具有理论与实践相结合的特点,适用于作为电子信息工程、通信工程及电气工程及其自动化专业教材使用,也可供从事相关专业的技术人员作为参考书使用。

图书在版编目(CIP)数据

单片机基础实训教程：基于80C51 + Proteus 仿真 /
张艳鹏,张博阳,刘铭编著. —哈尔滨:哈尔滨工程大学
出版社,2016.8(2020.8 重印)
 ISBN 978 – 7 – 5661 – 1262 – 0

Ⅰ.①单…　Ⅱ.①张…②张…③刘…　Ⅲ.①单片微
型计算机 – 教材　Ⅳ.①TP368.1

中国版本图书馆 CIP 数据核字(2016)第 189739 号

选题策划　吴振雷
责任编辑　张忠远　周一瞳
封面设计　恒润设计

出版发行	哈尔滨工程大学出版社
社　　址	哈尔滨市南岗区南通大街 145 号
邮政编码	150001
发行电话	0451 – 82519328
传　　真	0451 – 82519699
经　　销	新华书店
印　　刷	北京中石油彩色印刷有限责任公司
开　　本	787 mm×1 092 mm　1/16
印　　张	11.75
字　　数	312 千字
版　　次	2016 年 8 月第 1 版
印　　次	2020 年 8 月第 5 次印刷
定　　价	30.00 元

http://www.hrbeupress.com
E-mail:heupress@ hrbeu.edu.cn

前　　言

单片机是现代控制系统的核心器件之一。随着微电子技术和超大规模集成电路技术的发展，单片机以其体积小、性价比高、功能强、可靠性高等独有的特点在工业、家电、仪器仪表等领域得到了广泛的应用。为培养单片机技术开发和嵌入式技术开发方面的人才，作者根据多年单片机技术方面的教学经验及实际开发经验编写了本实训教程，旨在对掌握 C 语言基础的学生通过 Proteus 软件仿真实现对单片机基本内容的学习，力求使学生对单片机开发软件的使用、单片机结构原理、单片机常见外围设备的程序设计方法进行掌握，为进一步学习单片机夯实基础。本实训教程以专题形式对单片机结构原理组织实训项目，从原理知识到电路设计进行了详细说明。本教程具有如下特点。

（1）以 Keil C 和 Proteus 软件作为单片机应用系统的设计和仿真平台，强调应用中学习单片机，克服了一直以来单片机教学依赖于物理硬件教学的缺点，降低了教学成本。

（2）在内容编排上突出理论与实践相结合。以项目为驱动，每章针对单片机某个功能详细介绍电路设计和程序设计方法，以实例讲述如何应用理论解决实际问题，突出学生工程意识的培养。

（3）突出 C 语言程序设计的重要性。实例中均采用 C 语言编写，对初步掌握 C 语言的低年级同学较为适用。

（4）注重单片机核心功能的实践。对单片机较为重要的核心功能进行分析，提出项目要求，提供解决方案，知识相互连贯，便于初学者入门和提高。

本实训教程共分 8 章，第 1 章和第 2 章分别介绍了 Keil C51 软件和 Proteus 软件的基本操作方法。第 3 章至第 8 章根据知识的渐进性分别设计了多个实训项目，并提供了源程序，通过实验现象掌握单片机结构原理和程序设计方法。

本实训教程由张艳鹏、张博阳、刘铭共同编写。其中，张艳鹏负责编写第 4 章、第 5 章和第 6 章，张博阳编写第 1 章和第 7 章，刘铭编写第 3 章和第 8 章，由张艳鹏统一审稿。

鉴于编写者的能力水平，书中存在的不足之处敬请广大读者和同行批评指正。

编　者
2016 年 5 月

目　　录

第1章 单片机基础知识

1.1 单片机概述

1.1.1 单片机概念

单片机(Microcontrollers)是一种集成电路芯片,是采用超大规模集成电路技术把具有数据处理能力的中央处理器 CPU、随机存储器 RAM、只读存储器 ROM、多种 I/O 口和中断系统、定时器/计数器等功能(可能还包括显示驱动电路、脉宽调制电路、模拟多路转换器、A/D 转换器等电路)集成到一块硅片上构成的一个小而完善的微型计算机系统。

1.1.2 单片机发展情况

1. 单片机的发展历史

单片机诞生于 1971 年,经历了 SCM,MCU 和 SOC 三大阶段。早期的 SCM 单片机都是 8 位或 4 位的,其中最成功的是 Intel 的 8051。此后,在 8051 的基础上发展出了 MCS51 系列 MCU 系统,基于这一系统的单片机系统直到现在还在广泛使用。随着工业控制领域要求的提高,开始出现了 16 位单片机,但因为性价比不理想并未得到很广泛的应用。20 世纪 90 年代后,随着消费电子产品大力发展,单片机技术得到了巨大的提高。随着 Intel i960 系列,特别是后来的 ARM 系列的广泛应用,32 位单片机迅速取代了 16 位单片机的高端地位,并且进入主流市场。而传统的 8 位单片机的性能也得到了飞速提高,处理能力比起 20 世纪 80 年代提高了数百倍。高端的 32 位 SOC 单片机主频已经超过 300 MHz,性能直追 20 世纪 90 年代中期的专用处理器,而普通的型号出厂价格跌落至 1 美元,最高端的型号也只有 10 美元。

当代单片机系统已经不再只在裸机环境下开发和使用了,大量专用的嵌入式操作系统被广泛应用在全系列的单片机上。而在作为掌上电脑和手机核心处理的高端单片机甚至可以直接使用专用的 Windows 和 Linux 操作系统。

2. 单片机的发展趋势

(1)主流机型发展趋势

在未来较长时间内,8 位单片机仍是市场的主流机型。8 位单片机的结构在未来将不断得到完善,使 8 位单片机不断保持其活力。4 位单片机已经被淘汰,16 位单片机的空间会被 8 位单片机和 32 位单片机挤占,32 位的单片机将在未来发挥重要作用,适用不同场合的专用单片机也将得到不断发展。

(2)结构上将向 RISC 体系采用 ISP 技术和 Flash ROM 存储器方向发展

由于 RISC 结构可以精简指令,避免早期单片机的 CISC 结构带来的指令复杂、执行时间长的不足,因此在单片机结构上,将采用 RISC 体系结构。对于存储器来说,由于 Flash ROM 存储器具有电可擦特性,因此未来将采用 Flash ROM 存储器。随着内部存储容量的增加,以后将不再扩展程序存储器。在程序烧写和调试方面,将采用 ISP 技术,实现在线下载和远程测试。

(3)制造工艺上将 CMOS 化,实现全面功耗管理

单片机的全盘 CMOS 化,将使单片机本身降低功耗、提高可靠性、降低工作电压、抗噪声和抗干扰等各方面性能得到全面提高。

(4)外围电路内部化,外部以串行扩展为主流

为适应单片机的发展,将 A/D,D/A,PWM,I^2C 总线等外围电路集成到单片机内部,减轻了使用者电路设计的压力。与此同时,随着串行技术的发展,未来串行扩展将成为单片机扩展的发展方向。

1.1.3 单片机应用情况

由于单片机功能的飞速发展,它的应用范围日益拓展,小到玩具、信用卡,大到机器人、航天器,从数据采集、过程控制、模糊控制等智能系统到人类的日常生活都离不开单片机。

1. 在测控系统中的应用

单片机用于构成各种工业控制系统、自适应控制系统、数据采集系统等。

2. 在智能化仪器仪表中的应用

单片机应用于仪器仪表设备中,促使仪器仪表向数字化、智能化、多功能化和综合化等方向发展。

3. 在机电一体化中的应用

单片机与传统的机械产品结合,使传统的机械产品结构简化,控制走向智能化,构成新一代的机电一体化产品。

4. 在人类生活中的应用

单片机由于其价格低廉、体积小,被广泛应用在人类生活的诸多场合,如洗衣机、电冰箱、空调、电饭煲、视听音响设备、大屏幕显示系统、电子玩具、信用卡、楼宇防盗系统等。

1.2 单片机基本结构

1.2.1 单片机的基本结构

单片机的基本结构如图 1.1 所示。下面介绍各组成部分的功能。

1. 中央处理器(CPU)

CPU 又称微处理器,是单片机的核心部件,由运算器和控制器组成。它决定了单片机的主要功能特性,在单片机中承担运算和控制作用。

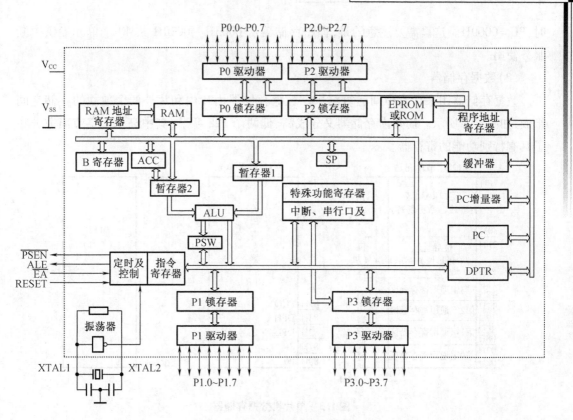

图 1.1　8051 单片机的基本结构框图

2. 存储器

存储器用来存放程序和中断结果。单片机的存储器在物理上分为片内程序存储器、片外程序存储器、片内数据存储器和片外数据存储器 4 个空间；在逻辑结构上分成片内外统一编址的程序存储器、片内数据存储器及片外数据存储器，如图 1.2 所示。

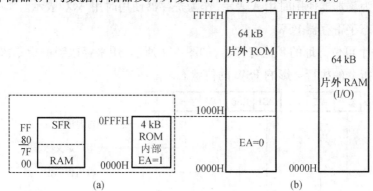

图 1.2　单片机存储器结构

(a)片内存储器；(b)片外存储器

(1)程序存储器

程序存储器用来存放操作程序，共 64 kB 空间，片内和片外统一编址。当 EA = 1 时，先访问片内程序存储器，再访问片外存储器；当 EA = 0 时，只访问片外程序存储器。系统复位时,PC=0000H。这里需要注意的是,程序存储器从0003H~0030H共40个单元专供中断服务使用。

（2）数据存储器

数据存储器用来存放中间运算结果。数据存储器由片内和片外两个独立的存储空间组成,如图1.3所示。而片内存储器又分成高、低两个128字节,其中高128字节离散分布了具有特别功能的寄存器。

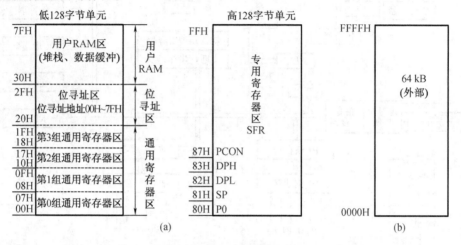

图1.3　单片机数据存储器

（a）片内数据存储器;（b）片外数据存储器

（3）特殊功能寄存器

①累加器ACC

ACC是一个具有特殊用途的8位寄存器,它既可作为通用的寄存器使用,也可作为累加器使用。作为累加器使用时用A表示,作为寄存器使用时用ACC表示。

②程序状态字寄存器PSW

PSW是一个可位寻址的8位寄存器,如图1.4所示,用来存放当前指令执行后的状态。单片机有许多指令的执行会影响PSW的位状态。

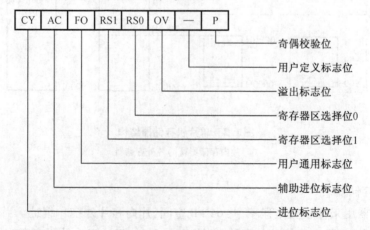

图1.4　程序状态字寄存器

③寄存器 B

寄存器 B 是一个 8 位的通用寄存器,主要用于乘除法。乘法运算时,B 是乘数。乘法操作后,积的高 8 位存于 B 中;除法操作后,余数存于 B 中。

④数据指针 DPTR

数据指针是一个 16 位地址寄存器,由高位字节 DPH 和低位字节 DPL 组成,这两个字节可以单独使用。使用 DPTR 可以访问 64 kB 外部数据存储器的任一单元。

⑤定时器控制寄存器 TCON

定时器控制寄存器 TCON 用来启动定时/计数和设置外部中断触发方式,如图 1.5 所示。定时控制寄存器可位寻址。

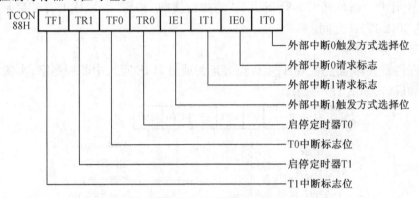

图 1.5　定时器控制寄存器

TR0,TR1:启停定时/计数器。当 TRX = 1 时,启动定时/计数器;当 TRX = 0 时,停止定时/计数器。

TF0,TF1:定时/计数器中断标志。当 TFX = 1 时,表示定时/计数溢出,可用查询或中断进行处理。

IE0,IE1:外部中断标志。当 IEX = 1 时,表示外部有中断发生(与 ITX 配合使用);当 IEX = 0 时,表示外部无中断请求。

⑥方式控制寄存器 TMOD

方式控制寄存器 TMOD 是专门用来设置定时/计数器的工作方式的特殊功能寄存器,如图 1.6 所示。CPU 只能通过字节传送类指令设置 TMOD 中各位的状态。

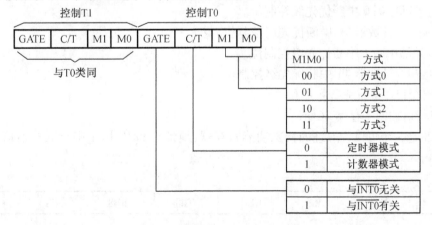

图 1.6　定时器方式控制寄存器

当 GATE =0 时，定时/计数器由定时控制寄存器中的 TR0（或 TR1）启动。当 GATE =1 时，定时/计数器由外部中断请求信号 $\overline{INT0}$（或 $\overline{INT1}$）与 TRX 共同启动。

当 $C/\overline{T}=0$ 时，定时/计数器工作在定时工作方式；当 $C/\overline{T}=1$ 时，定时/计数器工作在计数工作方式。

M1，M0 =00 时，定时/计数器工作在方式0；M1，M0 =01 时，定时/计数器工作在方式1；M1，M0 =10 时，定时/计数器工作在方式2；M1，M0 =11 时，定时/计数器工作在方式3。

⑦堆栈指针 SP

堆栈指针是专门用来指示堆栈的起始位置的 8 位寄存器，系统复位时堆栈指针初始化地址为07H，用户开辟堆栈时必须指明 SP 的初始值即"栈底"。堆栈的存储区域一般设置在 RAM 的 30H~7FH 之间。

⑧中断控制寄存器 IE

中断允许寄存器地址是 A8H，可以位寻址。通过向 IE 写入中断控制字，实现 CPU 对中断的开放和屏蔽，如图 1.7 所示。

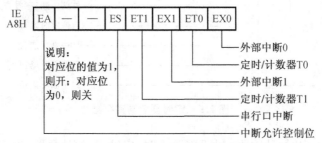

图 1.7　中断控制寄存器

⑨中断优先级控制寄存器 IP

中断优先级控制寄存器用来设置中断的级别，单片机中断系统有高级和低级两种。当 IP 的对应中断位为 1 时为高级中断，当 IP 的对应中断位为 0 时为低级中断，格式如下：

—	—	—	PS	PT1	PX1	PT0	PX0

PX0:外部中断 0 中断优先级控制位。

PT0:定时/计数器 T0 中断优先级控制位。

PX1:外部中断 1 中断优先级控制位。

PT1:定时/计数器 T1 中断优先级控制位。

PS:串行口中断优先级控制位。

⑩串行口控制寄存器 SCON

SCON 是一个可以位寻址的特殊功能寄存器，地址为 98H，用于串行数据通信的控制，位功能如下：

SM0	SM1	SM2	REN	TB8	RB8	TI	RI

SM0,SM1:串行口工作方式选择位,工作方式的选择如表 1.1 所示。

表 1.1　串行口工作方式

SM0	SM1	工作方式	功能描述	波特率
0	0	0	同步移位寄存器	$f_{\text{osc}}/12$
0	1	1	8 位格式	$2^{\text{SMOD}}/32 \times \text{T1}$ 溢出率
1	0	2	9 位格式	$f_{\text{osc}}/32$ 或 $f_{\text{osc}}/64$
1	1	3	9 位格式	$2^{\text{SMOD}}/32 \times \text{T1}$ 溢出率

SM2:多机通信控制位。在方式 2 或方式 3 下,如果 SM2 = 1,当 RB8 = 1 时(RB8 为收到的第 9 位数据),接收数据送 SBUF,并产生中断请求(RI = 1),否则丢失 8 位数据。在方式 2 或方式 3 下,如果 SM2 = 0,无论 RB8 = 0 或 1,接收数据装入 SBUF,并产生中断(RI = 1)。在方式 1 下,如果 SM2 = 1,则只有接收到有效的停止位时,才激活 RI;如果 SM2 = 0,接收一帧数据,停止位进入 RB8,数据进入 SBUF,才激活 RI。在方式 0 下,SM2 只能为 0。

REN:允许接收位,由软件置位或清 0。REN = 1,允许接收;REN = 0,禁止接收。

TB8:发送数据位。在方式 2 或方式 3 下,将要发送的第 9 位数据放在 TB8 中。可根据需要由软件置位或复位。在多机通信中,TB8 = 0 表示主机发送的是数据,TB8 = 1 表示主机发送的是地址。

RB8:接收数据位。方式 0 不使用这位。在方式 1 下,如果 SM2 = 0,RB8 的内容是接收到的停止位。在方式 2 或方式 3 下,存放接收到的第 9 位数据。

TI:发送中断标志位。在方式 0 下,发送完第 8 位数据时,TI = 1;在其他方式下,开始发送停止位时,TI = 1。在任何工作方式下,TI 必须由软件清 0。

RI:接收中断标志位。在方式 0 下,接收完第 8 位数据时,RI = 1;在其他方式下,接收到停止位时,RI = 1。在任何工作方式下,RI 也必须由软件清 0。

1.2.2　单片机的功能单元

1. 单片机定时/计数器

(1)定时/计数器结构

定时/计数器是单片机的重要功能部件,51 单片机内带有两个 16 位定时/计数器(T0 和 T1),它们既可作为定时器用,也可作计数器用。在检测、控制及职能仪器等应用中,常用定时器作实时时钟来实现定时检测和定时控制,计数器用于外部脉冲计数。图 1.8 是定时/计数器内部结构。

TMOD:方式控制寄存器,用于设置定时/计数器的工作方式。

TCON:定时器控制寄存器,用于启动定时/计数器。

(2)定时/计数器工作原理

单片机内部定时/计数器的工作原理可用图 1.9 说明。当 $C/\overline{T} = 0$ 时,为定时器功能,此时 C 与 A 相连(计数脉冲为机器周期);当 $C/\overline{T} = 1$ 时,为计数功能,此时 C 与 B 相连(计数脉冲从 P3.4 或 P3.5 口输入）。Tx,GATE,TRx,$\overline{\text{INT}}$x共同决定计数器的开关,单片机的计数器是一个 16 位的加计数器,每来一个脉冲,计数器的值加 1,当加到 FFFFH 时,TFx 置 1,如果开放中断,则向 CPU 申请中断。

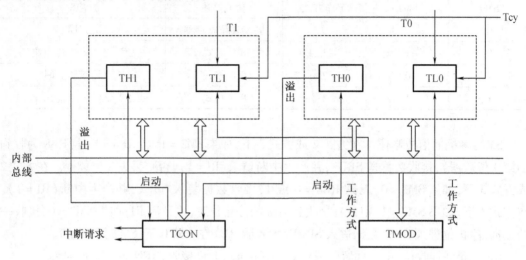

图 1.8　定时/计数器 T0,T1 的内部结构

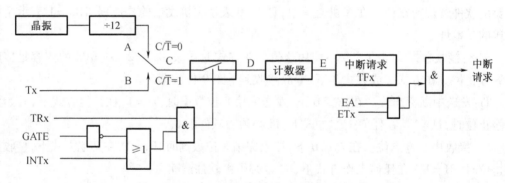

图 1.9　定时/计数器的工作原理

（3）定时/计数器工作方式

定时/计数器有 4 种工作方式,由特殊功能寄存器 TMOD 中的 M1,M0 位决定,如表 1.2 所示。

表 1.2　定时/计数器工作方式

M1	M0	工作方式	特点
0	0	方式 0	13 位的定时/计数器
0	1	方式 1	16 位的定时/计数器
1	0	方式 2	8 位带重装功能的定时/计数器
1	1	方式 3	T0 工作在方式 3,T1 工作在方式 2,作为串口波特率发生器

（4）定时/计数器初始化

定时/计数器设置由工作方式控制寄存器（TMOD）、定时控制寄存器（TCON）及中断允许寄存器（IE）共同完成。定时/计数器初始化应完成的过程如下：

①依据题目要求确定 TMOD 的值；

②给 TH1,TL1 或 TH0,TL0 赋初值；

③根据题目要求确定是否开放中断；

④启动定时/计数器。

2. 单片机中断系统

（1）单片机中断

程序运行过程中,由于某种原因,CPU 暂停当前的处理转去执行紧急事件,待紧急事件执行完毕后再转回执行原程序,这就是单片机中断。引起中断的原因叫中断源,中断之后执行的处理称为中断服务,对应的处理程序称为中断服务程序,原程序称为主程序。单片机中断功能的实现是通过设置 IE,TCON,SCON,IP 等特殊寄存器完成的。

（2）单片机中断系统结构

单片机具有 5 个中断源,中断系统结构如图 1.10 所示。

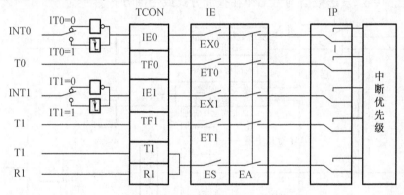

图 1.10　单片机中断系统结构

INT0,INT1,T0,T1,RI 为中断源。TCON,IE,IP 是与中断相关的特殊功能寄存器。

（3）单片机中断控制

中断设置:单片机的中断设置由 TCON,SCON,IE,IP 4 个特殊功能寄存器确定。

中断处理过程:单片机在每一指令的 S5P2 期间,CPU 采样各中断源,并设置相应的中断标志位。CPU 在下一个周期的 S6 状态期间按优先级顺序查询各中断标志,若查询到某个中断标志为 1,将在下一个机器周期的 S1 状态期间按优先级响应中断。中断处理过程分成 3 个阶段,即中断响应、中断处理和中断返回。

中断入口地址:单片机响应中断后,将按表 1.3 规定的地址转入相应的中断入口,因此在系统初始化时要明确相应入口完成的工作。

表1.3　8051单片机中断入口地址

中断源	入口地址	中断源	入口地址
外部中断0	0003H	T1溢出	001BH
T0溢出中断	000BH	串行口接收	0023H
外部中断1	0013H	串行口发送	0023H

3. 单片机串行接口

（1）串行接口结构

51单片机内部有一个功能很强大的全双工串行口，可同时接收和发送数据。串行口由发送/接收缓冲器、发送控制器、接收控制器、输出控制门、输入移位寄存器等组成。串行口的结构与工作方式有关。图1.11为方式0的串行口结构示意图，图1.12为方式1、方式2、方式3的串行口结构示意图。

单片机发送数据时，由累加器A将数据送入发送缓冲寄存器SBUF，每发送完一帧数据，TI置1。单片机接收数据时，每接收完一帧数据，RI置1。值得注意的是，TI和RI只能用软件复位。接收、发送数据均可工作在查询方式或中断方式。

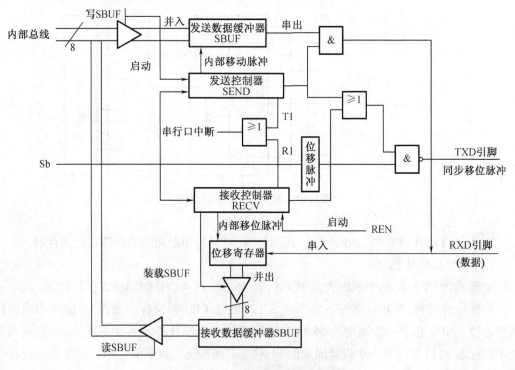

图1.11　串行口方式0结构示意图

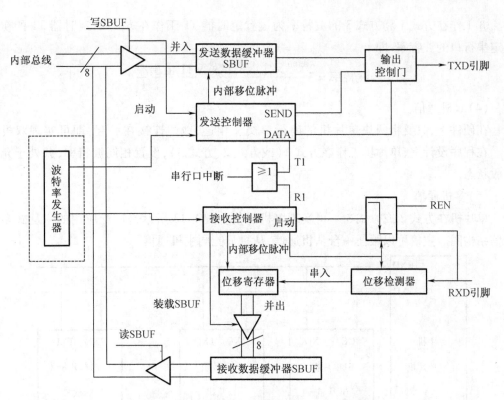

图 1.12　串行口方式 1、方式 2、方式 3 结构示意图

(2)串行口工作方式

串行口有 4 种工作方式,如表 1.4 所示。方式 0 以固定的波特率通过外接移位寄存器(如 74HC164 和 74HC165 等)实现 I/O 的扩展。方式 1、方式 2、方式 3 均为异步通信,方式 1 用于双机通信,方式 2 和方式 3 主要用于多机通信,也可用于双机通信。

表 1.4　串行口工作方式

SM0	SM1	工作方式	SM0	SM1	工作方式
0	0	0	1	0	2
0	1	1	1	1	3

(3)串行口波特率设置

波特率反映串行口通信速度的快慢,单片机工作在不同的工作方式,其波特率的设置如下。

①工作在方式 0 的波特率是固定的,为 $\dfrac{f_{osc}}{12}$。

②工作在方式 2 的波特率为

$$波特率 = \frac{(2^{SMOD} \times f_{osc})}{64}$$

其中,SMOD 为 PCON.7。

11

③工作在方式 1 和方式 3 的波特率为设置定时器 T1 工作在方式 2，定时器 T1 的初值决定串行口的波特率，即

$$波特率 = \frac{2^{SMOD} \times 定时/计数器 T1 溢出率}{32}$$

（4）双机通信

在硬件上，只要将两块单片机的串行口交叉相连，地线连接在一起，即可实现双机通信。在程序设计上，单片机工作在方式 1（或方式 2、方式 3），设置相同波特率，并处于允许接收状态。

（5）多机通信

单片机在方式 2 或方式 3 下可实现多机通信。图 1.13 所示是广泛应用的主从式多机通信结构图。主机可以跟任一台从机通信，从机只能同主机通信。

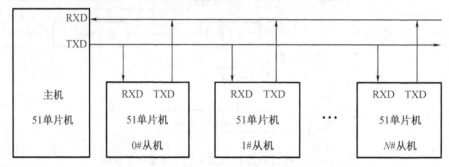

图 1.13　主从式多机通信结构示意图

在主从式多机系统中，对串行口进行如下设置：主、从机的 SM2 = 1，串行口工作在方式 2（或方式 3），主、从机的波特率相同，主机的 TB8 = 1，所有从机的 REN = 1。主机发出一帧（其中包括 8 位需要与之通信的从机地址，第 9 位为 1（TB8 = 1））地址信息，所有从机接收到信息后，与本机地址相比较，相同地址的从机使 SM2 = 0，以便接收主机发来的数据；对地址不符合的从机，仍保持 SM2 = 1 的状态。主机向从机发送数据时，TB8 = 0，此时只有 SM2 = 0 的从机才能接收。

1.3　单片机系统 C 语言程序设计

在单片机应用系统开发过程中，程序设计有两种方法：一种是基于汇编语言的程序设计方法；另一种是基于 C 语言的程序设计方法。汇编语言的机器代码生成效率高但可读性不强，而 C 语言在大多数情况下，其机器代码生成效率和汇编语言相当，而可读性和可移植性却远远超过汇编语言。近年来，随着计算机技术的发展，C 语言已成为在单片机应用系统开发中程序设计的主流语言。

1.3.1　C 语言程序的特点

1. C 语言简洁，使用方便灵活

C 语言是现有程序设计语言中规模最小的语言之一，ANSIC 标准 C 语言只有 32 个关键

字,9 种流程控制语句。

2. 可移植性好

采用 C 语言编写的程序,不依赖机器硬件,可以不加修改地移植到别的机器上。

3. 表达能力强

C 语言具有丰富的数据结构类型,用户根据需要,采用多种数据类型来实现各种复杂的数据结构运算;C 语言还有多种运算符,用户可灵活使用各种运算符实现复杂运算。

4. 表达方式灵活

利用 C 语言提供的多种运算符,可以组成各种表达式,还可以采用多种方法来获得表达式的值,从而使用户在程序设计中具有更大的灵活性。

5. 可以进行结构化程序设计

C 语言以函数作为程序设计的基本单位,C 语言程序中的函数相当于一般语言中的子程序。

6. 可以直接操作计算机硬件

C 语言具有直接访问机器物理地址的能力,Keil 的 C51 编译器和 Franklin 的 C51 编译器都可以直接对单片机的内部特殊功能寄存器和 I/O 端口进行操作,可以直接访问片内或片外存储器,还可以进行各种位操作。

另外,C 语言程序生成的目标代码质量高。

1.3.2　C 语言程序结构

C 语言程序由若干个函数单元组成,每个函数都是完成某个特殊任务的子程序段。组成程序的若干个函数可以保存在一个源程序文件中,也可以保存在几个源程序文件中,最后将它们连接在一起,C 语言源程序文件的扩展名为“.c”。下面举例说明。

【例 1.1】　在 80C51 单片机中基于 C 语言的跑马灯程序设计。

```c
#include    <reg51.h>        //预处理命令,相当于调用 reg51.h 头文件
#include    <intrins.h>      //预处理命令,相当于调用算法函数
void Delay(unsigned char a)
{
    unsigned char i;
    while( --a)
    {
        for(i =0;i <125;i ++);
    }
}
void main(void)
{
    unsigned char b, i;
    while(1)
    {
```

```
        b = 0xfe;
        for(i = 0;i < 8;i++)
        {
            P1 = b;
            Delay(250);
            b = _crol_(b,1);
        }
    }
}
```

下面对上述程序结构作简要说明。

①main()是主函数。C 语言程序是由多个函数构成的,但有且只有一个 main()函数。

②函数是由函数头和函数体构成的。

③C 语言中的每一个基本语句都是以";"结束的,分号是基本语句的终结符,单独的分号表示空语句。

④C 语言的书写格式比较自由,一个语句可以写在一行以内,也可写在多行中。一行也可以写多个语句,但是作为一个好的程序员,应该注意程序的可读性,要保持良好的编程习惯,使用缩进规则体现语句的层次结构性。

#include   < reg51. h > 是编译预处理语句(语句后面没有分号),它的作用是调用reg51. h,reg51. h 是 51 单片机的头文件。

从上面可以看出,C 语言的程序结构如下:

```
#include   < reg51. h >
unsigned char fun1( );
void fun2( );
fun1( ){
    ……}
fun2( ){
……}
void main( )
{
……
}
```

C 语言程序的开始部分通常是预处理命令,如上面程序中的#include 命令。预处理命令通知编译器对程序进行编译时,将所需要的头文件读入后再一起编译。

C 语言程序由函数组成。一个 C 语言程序至少包含一个主函数 main(),也可以包含若干个其他功能函数。函数之间可以相互调用,但主函数 main()只能调用其他功能函数,而不能被其他功能函数调用。

1.3.3 标识符与关键字

1. C 语言标识符

C 语言标识符是用来标识源程序中某个对象名字的,这些对象可以是函数、变量、常量、数组、数据类型、存储方式和语句等。一个标识符由字符串、数字和下画线等组成,第一个字符必须是字母或下画线,通常以下画线开头的标识符是编译系统专用的,因此在命名标识符写 C 语言源程序时,一般不要使用以下画线开头的标识符。C51 编译器规定标识符最长可达 255 个字符,但是只有前面 32 个字符在编译时有效。应该注意的是,C 语言中大写字母和小写字母被认为是两个不同的字符。

2. C 语言关键字

关键字是一类具有固定名称和特定含义的特殊标识符。C 语言中的所有关键字都是用小写字母标识的,ANSI 标准 C 语言有 32 个关键字,如表 1.5 所示。

表 1.5 ANSI 标准 C 语言关键字

auto	break	case	char	const	continue	volatile
default	do	double	clse	cnum	extern	while
float	for	goto	if	int	long	void
register	return	short	signed	sizeof	static	unsigned
struct	switch	typedef	union			

C51 编译器除了支持 ANSI 标准的关键字以外,还专门为单片机扩展了 13 个关键字,见表 1.6。

表 1.6 C51 扩展的关键字

bit	sbit	sfr	sfr16	data	bdata	idata
pdata	xdata	code	interrupt	reentrant	using	

1.3.4 数据结构类型和运算符

1. 基本数据类型

C 语言中的基本数据类型有 char,int,short,float 等,C51 数据类型及数据长度和其值域如表 1.7 所示。

表 1.7 C51 数据类型及数据长度和其值域

数据类型	位数	字节数	值域
bit	1	−	0 ~ 1
signed char	8	1	− 128 ~ +127

表 1.7（续）

数据类型	位数	字节数	值域
unsigned char	8	1	0 ~ 255
enum	16	2	− 32 768 ~ + 32 767
signed short	16	2	− 32 768 ~ + 32 767
unsigned short	16	2	0 ~ 65 535
signed int	16	2	− 32 768 ~ + 32 767
unsigned int	16	2	0 ~ 65 535
signed long	32	4	− 2 147 483 648 ~ 2 147 483 647
unsigned long	32	4	0 ~ 4 294 967 295
float	32	4	0.175 494E − 38 ~ 0.402 823E + 38
sbit	1	−	0 ~ 1
sfr	8	1	0 ~ 255
sfr16	16	2	0 ~ 65 535

2. 复杂数据类型

（1）数组类型

数组是一组有序数据的组合，数组中的各个元素可以用数组名和下标唯一确定。一维数组只有一个下标，多维数组有两个以上的下标。在 C 语言中，数组必须先定义，再使用。

一维数组的定义格式为：

数据类型 数组名［常量表达式］；

定义多维数组时，只要在数组名后面增加相应维数的常量表达式，如二维数组的定义格式为：

数据类型 数组名［常量表达式 1］［常量表达式 2］；

数组元素下标是从 0 开始的，而不是从 1 开始的。例如，int x［8］是定义了 x［0］~ x［7］8 个元素，而不是 x［1］~ x［8］。

（2）指针类型

指针类型数据在 C 语言程序中使用十分普遍。在 C 语言中，为了能够实现直接对内存单元进行操作，引入了指针数据类型。指针类型数据是专门用来确定其他类型数据地址的。正确使用指针类型数据可以有效地表示复杂的数据结构，直接访问内存地址，而且可以更有效地使用数组。

一个程序的指令、常量和变量都是按字节存放在机器的内存单元中的，而机器的内存是按字节划分存储单元的。给内存中每个字节都赋予一个编号，这就是存储单元的地址。各存储单元中所存放的数据称为该存储单元的内容。当定义一个变量时，编译程序就根据变量的类型为它分配一定的存储单元，比如定义：

char i,j,k；

编译程序在内存中进行如图 1.14（a）所示的分配，因此，对变量的操作就是对内存单元

的操作。例如,执行如下操作:

i = 10;

j = 15;

k = i+j;

程序将把 10 送入 30H 单元,15 送入 31H 单元,两者之和 25 送入 32H 单元,如图 1.14(b)所示。这种按变量地址直接存取变量值的方法称为直接寻址。也可以用另一种方式访问变量,即间接寻址,如图 1.5 所示。内存单元 40H 存放的是指向另一个变量的地址,这种存放指向其他变量地址的变量就称为指针变量,其中的地址值就是指针。可以说,指针实际上就是地址,一个变量的地址就是该变量的指针。

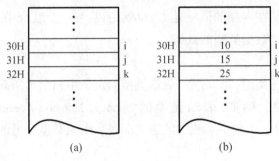

图 1.14 直接寻址   图 1.15 间接寻址

C 语言中指针变量的一般定义形式为

类型标识符 *变量名;

例如:

char *P ;//定义了一个指向字符型值的指针变量 P

为了表示指针变量与它所指向的变量地址之间的关系,C 语言为指针运算专门设置了 * 和 & 两种运算符,例如:

int i, *P ;

ip = &i ;

将变量 i 的地址(不是 i 的值)赋予 P。如果 i 的地址是 30H,那么赋值后 P 的值就是 30H。

& 和 * 运算符:* 把它的操作数当作地址来对待,并访问那个地址以便操作所需要的值。例如:

i = 15;

P = &i;

j = *P;

则 j 中存放的也是 15,因为 P 指向 i 的地址,*P 把 P 中存放的值作为地址,然后取这个地址(即 i 的地址)中的值,最后赋值给 j,也就是说,*P 也表示变量 i。

(3)结构类型

结构是将若干不同类型的数据变量有序地组合在一起而形成的一种数据的集合体。结构类型的一般定义格式为

struct 结构名

{结构元素表}；

{}括号中的结构元素表就是组成这个结构类型的各数据项。

（4）联合类型

C51 中还有一种数据类型，它可以使各种类型的数据共同使用同一块内存空间，只是在时间上交错开，以提高内存的利用效率，这种数据类型称为联合类型。联合类型定义格式如下：

union 联合类型名称

{成员列表}变量列表；

联合的意义就是把联合的成员都存储在内存的同一地方，也就是说，在一个联合中，可以在同一地址开始的内存单元中放进不同数据类型的数据。

（5）枚举类型

C 语言提供了一种称为"枚举"的数据类型，在"枚举"数据类型的定义中列举出所有可能的取值。枚举在日常生活中很常见。例如，表示星期的 Sunday，Monday，Tuesday，Wednesday，Thursday，Friday，Saturday 就是一个枚举。枚举的定义应当列出该类型变量的可能取值，其定义格式如下：

enum 枚举名{枚举值列表}变量列表；

3. 运算符

C 语言表达式是由操作数和运算符组成的序列，根据所用运算符的不同，表达式也有很多种类。C 语言具有十分丰富的运算符，C 语言的运算符按其在表达式中的作用，可分为赋值运算符、算术运算符、增量与减量运算符、关系运算符、逻辑运算符、位逻辑运算符、一元运算符和二元运算符等。掌握各种运算符的意义和使用规则对于编写正确的 C 语言程序来说是十分重要的。

（1）算术运算符

C 语言共有 7 种算术运算符，如表 1.8 所示。

表 1.8　C 语言算术运算符

运算符号	功能	运算符号	功能
+	加法	++	递加（加 1）
-	减法	--	递减（减 1）
*	乘法	%	余数
/	除法		

（2）关系运算符

关系运算符用来比较变量的值或常量的值，并将结果返回给变量。若为真，则结果为1；若为假，则结果为 0。运算的结果不影响各个变量的值。C 语言共有 6 种关系运算符，如表 1.9 所示。

表 1.9 关系运算符

运算符号	例子	说明	运算符号	例子	说明
>	a>b	a 是否大于 b	<=	a<=b	a 是否小于或等于 b
>=	a>=b	a 是否大于或等于 b	=	a==b	a 是否等于 b
<	a<b	a 是否小于 b	!=	a!=b	a 是否不等于 b

（3）逻辑运算符

逻辑运算符用来判断语句的真假。若语句为真,则结果为 1;若语句为假,则结果为 0。C 语言共有 3 种逻辑运算符,如表 1.10 所示。

表 1.10 逻辑运算符

运算符号	例子	说明
&&	a&&b	aANDb
||	a||b	aORb
!	!a	NOTa

（4）位逻辑运算符

位逻辑运算符是将各变量或常量的每一位进行逻辑运算,并将结果写入某变量,如表 1.11 所示。

表 1.11 位逻辑运算符

运算符号	例子	说明
&	a&b	将 a 与 b 各位作 AND 运算
|	a|b	将 a 与 b 各位作 OR 运算
^	a^b	将 a 与 b 各位作 XOR 运算
~	~b	将 b 的内容取反
>>	a>>b	将 a 的值右移 b 位
<<	a<<b	将 a 的值左移 b 位

1.3.5 程序控制语句

1. 条件语句

条件语句的第一种形式如下:

if(条件表达式)

语句;

当表达式的值为真时,执行后面的语句,接着执行下一条语句。当表达式的值为假时,就直接执行下一条语句。例如：

if(x > y)

Printf("% d" ,x) ;//如果 x > y 的值为真就输出 x 的值

条件语句的第二种形式如下：

if(条件表达式)

语句 1；

else

语句 2；

其含义是：若条件表达式结果为真(非 0 值)，就执行语句 1,执行完后跳出 if 语句顺序执行下一条语句；若条件表达式的结果为假(0 值)，就执行语句 2,执行完后顺序执行下一语句。这里的条件表达式必须用括号,语句之后必须加分号,语句 1 和语句 2 可以是单个语句,也可是复合语句。子句 else 是可选的,没有 else 语句就成了第一种形式。例如：

if(x > y)

   max = x;// x > y 为真时,将 x 赋值给 max

else

   max = y;//否则,将 y 赋值给 max

当 if 语句中的执行语句又是 if 语句时,就构成了 if 语句嵌套。其一般形式可表示为

if(表达式)

   if 语句；

或

if(表达式)

   if 语句；

else

   语句；

条件语句的第三种形式如下：

if(表达式 1)

   语句 1；

else   if(表达式 2)

   语句 2；

else   if(表达式 3)

   语句 3；

     …………

else

   语句 n；

2. 循环语句

(1)while 循环

采用 while 语句构成的循环结构一般形式如下：

while(条件表达式)

语句；

其意义是当条件表达式的结果为真(即非 0)时,重复执行后面的语句,一直到条件表达式的结果变化为假(即值为 0)时为止。由于这里的循环结构是先判断表达式所给出的条件,再根据判别的结果决定是否执行后面的语句,因此,如果一开始条件表达式的结果就为假,那么后面的语句便一次也不会执行。与条件语句相同,这里的语句也可以是复合语句,复合语句需用"{}"括起来。例如,要计算自然数 1 ~ 50 的累加和,可以用下面的语句来计算:

```
main( )
{
    int   s, i;
    s = 0;
    i = 1;
    while( i < 50 )
    {
        s = s + i;
        i + + ;
    }
}
```

(2) do – while 循环

采用 do – while 语句构成的循环结构一般形式如下:

```
do
{
    语句;
} while( 条件表达式 );
```

这种循环与上面的 while 循环的不同在于先执行循环体语句,然后判断表达式是否为真。若为真则继续执行循环体语句;若为假则终止循环体而继续执行后面的语句。因此,do – while 语句构成的循环结构循环体内的语句至少会被执行一次。

例如,与上例一样,计算自然数 1 ~ 50 的累加和,也可以用下面的方法计算:

```
main( )
{
    int   s, i;
    s = 0;
    i = 1;
    do
    {
        s = s + i;
        i + + ;
    } while( i < = 50 );
```

}

（3）for 循环

在 C 语言中，for 语句使用最为灵活。采用 for 语句构成循环结构的一般形式如下：

for（表达式 1；表达式 2；表达式 3）

语句；

表达式 1 是给循环变量赋初值；表达式 2 是测试循环变量，看是否结束循环；表达式 3 是在每次循环后对循环变量作出的修改。

例如，同样计算自然数 1～50 的累加和，用 for 循环可以写成如下语句：

```
main( )
{
    int   s, i;
    s = 0;
    for( i = 1; i < = 50; i + + )
        s = s + i;
}
```

在这个例子中，循环语句先对 i 赋值，使 i = 1，接着计算 s = s + i，然后 i 加 1，再次计算 s = s + i，这样重复循环，直到 i 超过 50 才结束循环。

3. goto 语句

goto 语句是一个无条件转向语句，它的一般形式为

goto 语句标号；

其中，语句标号是一个带冒号"："的标识符，用来表示程序的某个位置。同样计算自然数 1～50 的累加和，可以用 goto 语句写成如下程序：

```
main( )
{
    int   s, i;
    s = 0;
    i = 1;
loop: if( i < = 50)
    {
        s = s + i;
        i + + ;
        goto loop;
    }
}
```

4. switch 语句

switch 语句是一种用于多分支的语句，也称为开关语句。虽然条件语句 if 也是一种选择语句，用多个 if 语句嵌套构成复合的条件语句也能实现多分支选择跳转，但这样会使程序结构复杂，而用 switch 语句实现多分支选择程序会更简单、更清楚。

switch 语句的一般形式如下：

switch(表达式)

{

  case 常量表达式 1:语句序列 1;break;

  case 常量表达式 2:语句序列 2;break;

  ……　……

  case 常量表达式 n:语句序列 n;break;

  default:语句序列 n + 1;

}

switch 语句执行时，会将 switch 后面表达式的值与 case 后面的各个常量表达式的值逐个进行比较。若相等，就执行相应的 case 后面的语句序列，然后执行 break 语句终止当前语句的执行，使程序跳出 switch 语句；若都不相等，则只执行 default 指向的语句。

在单片机程序设计中，常用 switch 语句作为按键输入判别并根据输入的按键值跳转到各自的处理分支程序，例如：

input:key_word = key_board( );

switch (key_word)

{

  case 1:key1( );break;

  case 2:key2( );break;

  ……　……

  default:goto　input;

}

在这个例子中，如果有按键按下，就对这个按键译码，将代表这个按键的键值赋予变量 key_word。switch 语句对键值进行分析：如果键值等于 1，那么执行 key1( )函数后返回，并跳出 switch 语句；如果键值等于 2，那么执行 key2( )函数后返回，并跳出 switch 语句；其余类推，使单片机能达到根据不同按键进行不同处理的目的。

5. break 语句和 continue 语句

break 语句只能用在开关语句和循环语句之中，用来终止后面语句的执行或使循环立即结束，实际上它是一种具有特殊功能的无条件转移语句。要注意的是，它只能跳出它所在的那一层循环，而不像 goto 语句那样可以从多重循环的内层循环中跳出。

continue 语句是一种中断语句，它一般用在循环结构中，其功能是结束本次循环，即跳出循环体中 continue 语句后面尚未执行的语句，把程序流程转移到当前循环语句的下一个循环周期。例如，想要 a 的值在 1 ~ 10 之间，除了 5 以外，都运行一段显示程序，可编写如下程序：

for(a = 1;a <= 10;a ++)

{

  if(a == 5)　//当 a = 5 时,跳出后面的语句,进行下一轮循环

  continue;　　//调用显示函数

```
    display( );
}
```

6. 返回语句 return

返回语句用于终止函数的执行并控制程序回到调用该函数时所处的位置。它有以下两种形式。

第一种:return(表达式);

第二种:return;

对于第一种形式,return 后面带有表达式,函数在返回前先计算表达式的值,并将表达式的值作为该函数的返回值返回至主调函数。若使用第二种形式,那么被调用函数返回主函数时,函数值不确定。

1.3.6　函数定义

C 语言是一种结构化的程序设计语言,函数是 C 源程序的基本模块,实际上 C 语言程序是由若干个模块化的函数构成的,通过函数模块的调用实现特定的功能。

所有的函数定义,包括主函数 main 在内,都是平行的。也就是说,在一个函数的函数体内,不能再定义另一个函数,即不能嵌套定义。但函数之间允许相互调用,也允许嵌套调用。习惯上把调用者称为主调函数。函数还可以自己调用自己,称为递归调用。

main 函数是 C 程序中的主函数,它可以调用其他函数,而不允许被其他函数调用。因此,C 程序的执行总是从 main 开始,完成对其他函数的调用后再返回到 main 函数,最后由 main 函数结束整个程序。一个 C 源程序必须有也只能有一个主函数 main。

1. 定义函数

所谓函数,即子程序,也就是"语句的集合"。它把经常使用的语句群定义成函数,在程序中调用,这样就可以减少重复编写程序的麻烦。

C 语言是一种结构化的程序设计语言,其程序设计的方法是模块化程序设计,即自顶向下,逐步细化、模块化。在 C 语言中,函数是程序的基本组成单位,可以很方便地用函数实现程序模块的功能。一个函数在一个 C 程序中只允许被定义一次,函数格式如下:

返回值类型 函数名称(类型 参数 1,类型 参数 2,……)
```
{
    局部变量定义;
    函数体语句;
}
```

{ }中的内容称为函数体。在函数体中的声明部分是对函数体内部所用到的变量的说明。局部变量定义是对在函数内部使用的局部变量进行定义,只有在函数调用时才分配内存单元,在调用结束时,立刻释放所分配的内存单元。因此,局部变量只在函数内部有效。函数体语句是为完成函数特定功能而编写的各种语句。

例如,定义一个延时函数的程序如下:

```
void delay( unsigned char time)
{
```

```
    unsigned char   i,j;
    for( ;time >0;time -- )
        for(i = 255;i >0;i -- );
            for(j = 255;j >0;j -- );
}
```

这里定义一个函数名称为 delay 的函数,该函数没有返回值,仅有一个无符号型的形式参数 time。在函数体内定义了两个无符号字符型变量 i 和 j,通过 for 循环,完成一定时间的延时。由于 i 和 j 是局部变量,在函数调用结束返回主调用函数时,它们就不再有任何意义。

2. 调用函数

在函数定义好之后,就可以在主调用函数里调用函数,调用格式为

函数名(实际参数名);

函数名指被调用的是哪个函数。实际参数表中的参数的个数、类型及顺序应与函数定义中的形式参数表严格保持一致。实际参数可以是常数,也可以是变量或表达式,但要求它们具有确定的值。如果被调用的函数没有形式参数,则实际参数表为空,但圆括号不能省略。

调用函数主要有以下 3 种方式。

①将被调函数作为主调函数的一条语句。如调用延时函数 delay,可以在调用的地方直接写为:

delay(100);

②将被调函数作为主调函数的一个表达式。把被调函数作为一个运算对象直接出现在主调函数的表达式中。例如,计算 a 与 b 的乘积并将结果赋予 m,其表达式如下:

m = fun1(a,b);

③在主调函数中,将被调函数 1 作为被调函数 2 的一个参数。其表达式如下:

d = fun2(fun1(a,b),c);

函数的调用与变量的使用是一样的,在调用一个函数之前,要对该函数进行声明,即"先声明,后调用"。函数声明的一般形式为

类型标识符 被调用函数名(形式参数表);

其中,类型标识符说明了函数返回值的类型,形式参数表中说明了各个参数的类型,每个参数间用逗号分开。

3. 中断服务函数

中断是指计算机执行正常程序时,由于系统出现某些需要紧急处理的情况或特殊请求时,计算机暂停当前正在运行的程序,转到对这些紧急情况进行处理,处理完毕后,再返回继续执行原来被暂停的程序。

定义中断服务函数程序的一般形式为

函数类型 函数名(形式参数) interrupt   m [using   n]

其中,函数名可以是任意合法的字母或数字组合。

关键字 interrupt 后面的 m 是中断号,m 的取值范围为 0 ~ 5,分别表示外部中断 0、定时/

计数器 0 中断、外部中断 1、定时/计数器 1、串行口中断、定时/计数器 2 中断。n 的取值范围为 0~3,分别表示通用工作寄存器组 0~3,默认为 0。

下面是一个用定时/计数器 0,采用中断方式,实现用 AT89S52 的 P3.0 引脚控制一个 LED 灯实现闪烁功能的程序实例:

```
#include    < at89s52. h >
unsigned char counter = 0;
main( )
{
    TMOD = 0x00;
    IP = 0x02;
    TH0 = 0x3c;
    TL0 = 0xB0;
    TR0 = 1;
    IE = 0x82;
    while(1);
}
void op_time0( ) interrupt 1 using 1
{
    TH0 = 0x3c;
    TL0 = 0xB0;
    counter ++;
    if( counter = = 20)
    {
        counter = 0;
        P3_0 = ~P3_0;
    }
}
```

1.4　Keil C51 μVision4 集成开发环境

Keil C51 是美国 Keil Software 公司出品的 51 系列兼容单片机 C 语言软件开发系统。与汇编相比,C 语言在功能上、结构性、可读性、可维护性上有明显的优势,因而易学易用。Keil 提供了包括 C 编译器、宏汇编、链接器、库管理和一个功能强大的仿真调试器等在内的完整开发方案,通过一个集成开发环境(μVision)将这些部分组合在一起。2009 年 2 月发布 Keil μVision4,Keil μVision4 引入灵活的窗口管理系统,使开发人员能够使用多台监视器,并提供了视觉上对窗口位置的完全控制。新的用户界面可以更好地利用屏幕空间和更有效地组织多个窗口,提供一个整洁、高效的环境以开发应用程序。

1.4.1　Keil C51 μVision4 的配置设置

在建立工程和编写程序之前最好对系统字体和关键字的颜色等信息进行设置,使软件更适合使用。有多种方式可以打开配置对话框,常用的有两种,即通过菜单的方式打开配置对话框和点击快捷图标的方式打开配置对话框。菜单打开配置对话框的方法是依次单击"Edit－>Configuration..."。如图 1.16 所示;单击快捷图标打开配置对话框是单击图标完成的。

利用上面的方法就可以打开如图 1.17 所示的配置对话框,其中有六个选项卡,分别为Editor(编辑)、Colors & Fonts(颜色和字体)、User Keywords(用户关键字)、Shortcut Keys(快捷键)、Templates(模板)、Other(其他)。六个选项卡中大部分是不需要改变的,只需要对"Colors & Fonts(颜色和字体)"选项卡进行更改即可。

图 1.16　打开配置对话框

在上面的对话框中单击" Colors & Fonts "就可以切换到颜色和字体对话框了,如图 1.18所示。

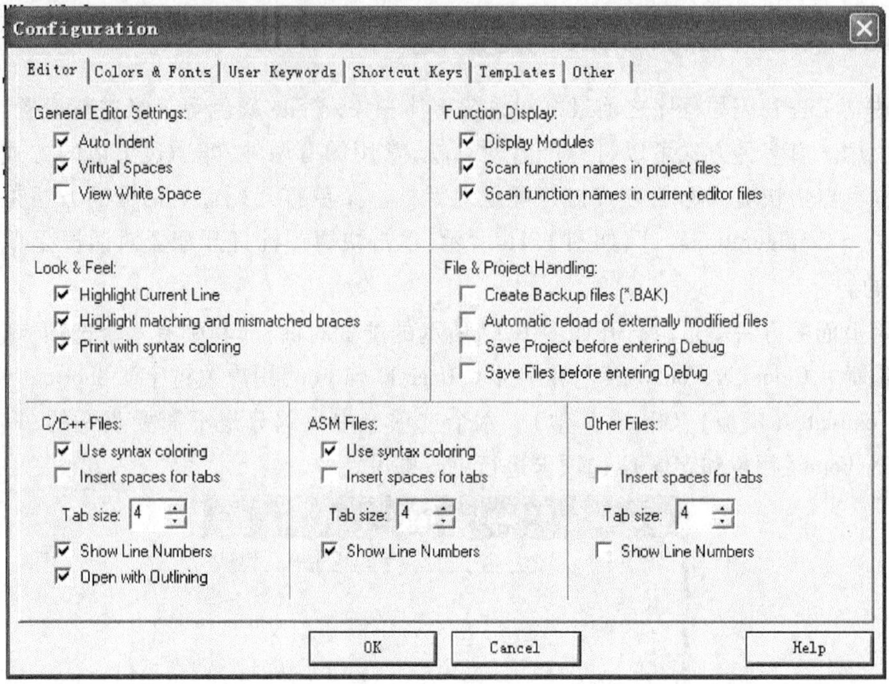

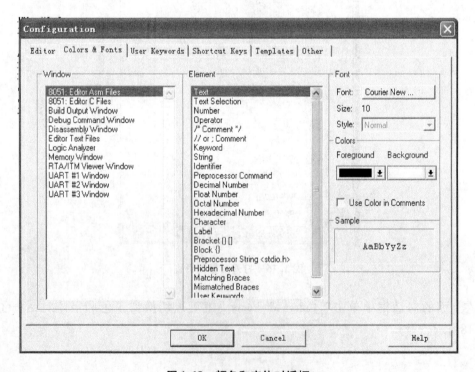

图 1.17　配置对话框

图 1.18　颜色和字体对话框

从上面的对话框中可以看到"Window"下面有许多的选项,其中需要关心只有两个,即"8051：Editor Asm Files"（8051 汇编语言的编辑）和"8051：Editor C Files"（8051 C 语言的编

28

辑），在单击这两行字体时，"Element"下的信息会有变化，这里就以汇编语言文件为例将系统字体改"Courier New"字号为14（四号），关键字设为蓝色加粗。操作步骤为在"Window"下面的选项中单击"8051：Editor Asm Files"，然后在"Element"下面的选项中择"Text"，再单击"Font"选项卡下面的"Font"右边凸起的那个按钮，如图1.19，就会弹出如图1.20所示的字体设置窗口，然后在该窗口的左边"Font"下面的字体中选择"Courier New"；在右边"Size"下面的字号中选择"14"，单击"OK"按钮回到颜色和字体配置对话框，这样就把系统设成了"Courier New"，字体号为"14"（四号）。

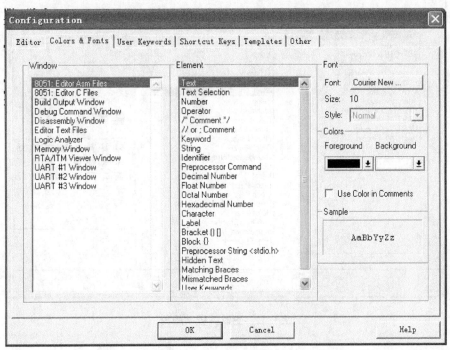

图 1.19　关键字设置

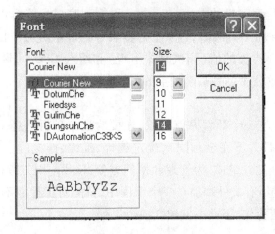

图 1.20　字体对话框

设置关键字和设置系统字体的方法类似，操作步骤为在"Window"下面的选项中单击

"8051：Editor Asm Files"，然后在"Element"下面的选项中选择"Keyword"，再单击"Font"选项卡下面的"Font"右边凸起的那个按钮选择关键字的大小。改变颜色则单击"Colors"选项卡下面的"Foreground"项下的 ，选择对应的颜色，如图 1.21 所示。这里选择蓝色，默认是黑色。

设置完选项后，单击"OK"键返回软件界面。

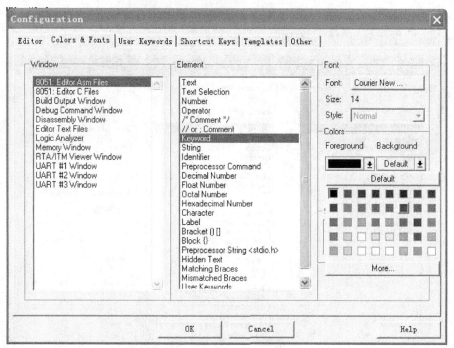

图 1.21　更改关键字颜色

1.4.2　Keil C51 μVision4 项目开发过程

Keil 软件启动后，程序窗口的左边有一个工程管理窗口。该窗口有 4 个标签，分别是 Project，Books，Functions 和 Templates，这 4 个标签页分别显示当前项目的文件结构、CPU 的寄存器、部分特殊功能寄存器的值（调试时才出现）和所选 CPU 的附加说明文件。如果是第一次启动 Keil，那么这三个标签页全是空的，如图 1.22 所示。

1. 建立工程文件

项目开发并不是仅有一个源程序就可以，还要为这个项目选择 CPU（Keil 支持数百种 CPU，而这些 CPU 的特性并不完全相同），确定编译、汇编、链接的参数，指定调试的方式。有一些项目还会由多个文件组成，为管理和使用方便，Keil 使用工程（Project）这一概念，将这些参数设置和所需的所有文件都加在一个工程中，只能对工程而不能对单一的源程序进行编译（汇编）和链接等操作，下面举例建立一个工程。

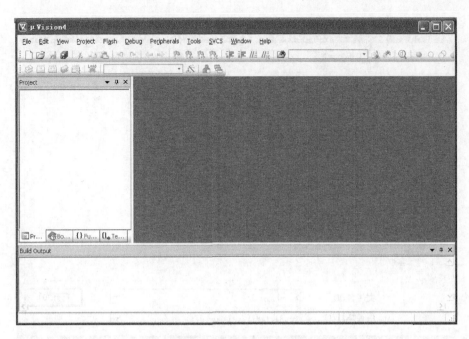

图 1.22　第一次启动 Keil

点击"Project – > New μVision Project…"菜单,如图 1.23 所示。

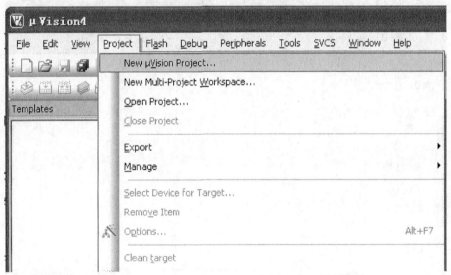

图 1.23　新建工程

执行上面的操作会出现"Create New Project"对话框。为了管理方便最好新建一个文件夹,因为一个工程里面会包含多个文件,一般以工程名为文件夹名对新建的文件夹取名,如图1.24 所示。选择刚才建立的文件夹,然后单击"打开"按钮,然后给将要建立的工程起一个名字,可以在编辑框中输入一个名字(这里设为 exam1),不需要扩展名,如图 1.25 所示。

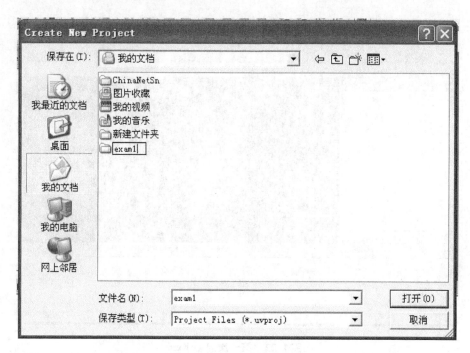

图1.24　新建工程文件夹

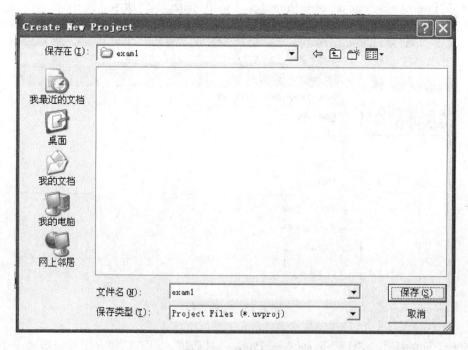

图1.25　命名工程

　　在图1.25的界面里点击"保存"按钮，出现一个对话框，如图1.26所示。该对话框要求选择目标CPU（即所用芯片的型号），Keil支持的CPU很多，这里选择Atmel公司的89C51芯片。点击Atmel前面的"＋"号，展开该层，点击其中的AT89C51，如图1.27所示，然后再点击"OK"按钮，完成选择CPU型号。

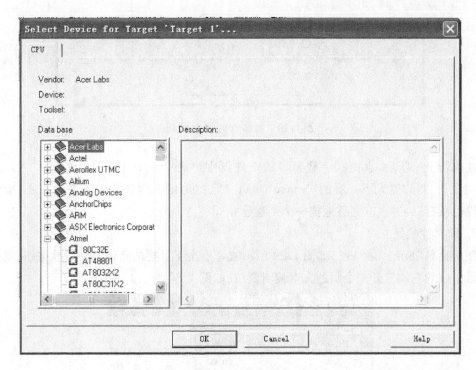

图 1.26　CPU 列表

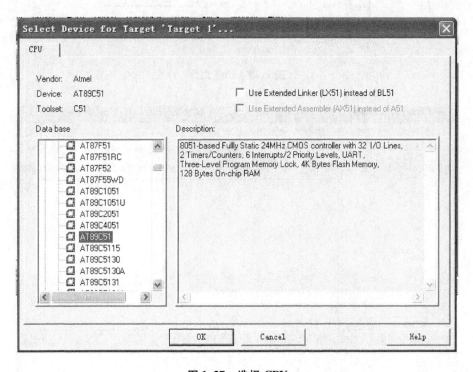

图 1.27　选择 CPU

　　在完成选择 CPU 型号后,软件会提示是否要复制一个源文件到这个工程中,这里选择"否",因为要自己添加一个 C 语言或者汇编语言源文件,如图 1.28 所示。

图1.28　添加8051启动代码

在执行上一步后,就能在工程窗口的文件页中出现"Target 1",前面有"＋"号。点击"＋"号展开,可以看到下一层的"Source Group 1",这时的工程还是一个空的工程,里面什么文件也没有,到这里就完整地把一个工程建立好了。

2. 源文件的建立

使用菜单"File － > New",如图1.29 所示或者点击工具栏的新建文件快捷按钮,就可以在项目窗口的右侧打开一个新的文本编辑窗口,如图1.30 所示。

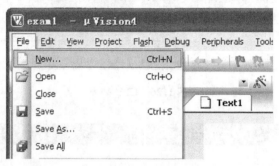

图1.29　新建文件

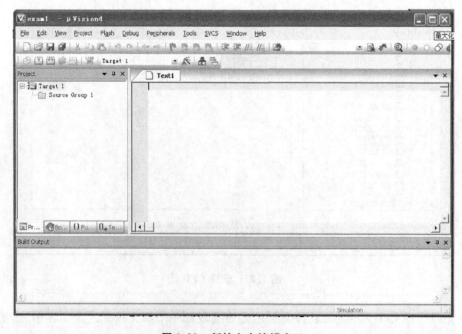

图1.30　新的文本编辑窗口

在建立好文本后一定要先保存。保存文件很简单,也有很多种方法:第一种方法是直接单击工具条上的保存图标■;第二种方法是点击菜单栏的"File - >Save";第三种方法是点击菜单栏的"File - >Save As..."。其中,第三种方法是最好的,因为软件每次都会提示将这个文件保存到那个路径里面,一定要选择保存在建立工程时建立的文件夹下,这样有利于设计者查找该文件,也有利于管理。在第一次执行上面三种方法的其中一种后都会弹出文件保存窗口,在"文件名(N)"右面的文本框中输入源文件的名字和后缀名。为了便于管理文件,一般源文件和工程名一致,文件后缀名为". asm 或. c",其中,". asm"代表建立的是汇编语言源文件,". c"代表建立的是 C 语言源文件。由于举例是使用汇编语言编程,因此这里的后缀名为 asm,如图 1.31 所示。

在图 1.31 窗口中单击"保存"按钮,源文件就保存好了,同时也回到了软件界面。

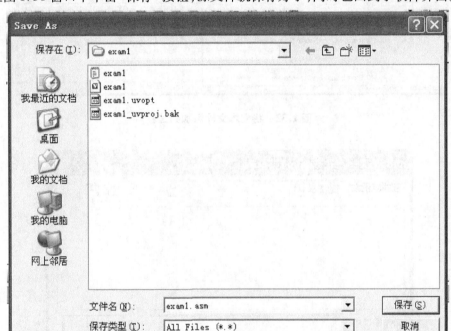

图 1.31 保存文本

3. 源文件添加与源程序输入

建立好的工程和建立好的程序源文件是两个相互独立,一个单片机工程是要将源文件和工程联系到一起,此时需要手动把源程序加入工程中。点击软件界面左上角的"Source Group 1"使其反白显示,然后点击鼠标右键,出现一个下拉菜单,选中其中的 Add files to Group 'Source Group 1',如图 1.32 所示。

在执行上面的步骤后会出现一个对话框,要求寻找源文件,如图 1.33 所示。该对话框下面的"文件类型"默认为 C source file(*. c),也就是以 C 为扩展名的文件。

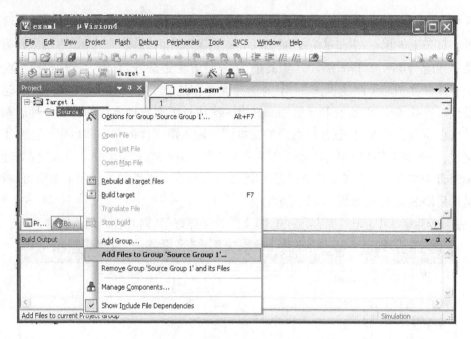

图1.32 将文本文件添加到工程

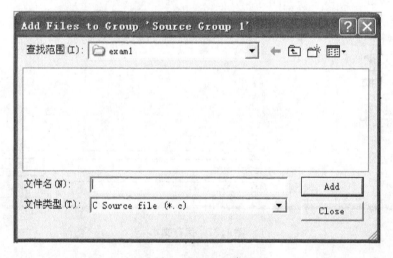

图1.33 查找文本文件

举例是以汇编语言编写程序，因此，源文件是以 asm 为扩展名的，所以在列表框中找不到 exam1.asm，要将文件类型改掉。点击对话框中"文件类型"后的下拉列表，找到并选中"Asm Source file(*.s*; *src; *.a*)"，如图1.34 所示。这样在列表框中就可以找到 exam1.asm 文件了，如图1.35 所示。

在上面的窗口中双击 exam1.asm 文件，将文件加入项目。注意，在文件加入项目后，该对话框并不消失，等待继续加入其他文件，但初学时常会误认为操作没有成功而再次双击同一文件，这时会出现如图1.36 所示的对话框，提示所选文件已在列表中。此时，应点击"确定"返回前一对话框，然后点击"Close"即可返回主界面。返回后，点击"Source Group 1"

前的加号,会发现 exam1. asm 文件已在其中。双击文件名 exam1. asm,即打开该源程序,如图 1.37 所示。

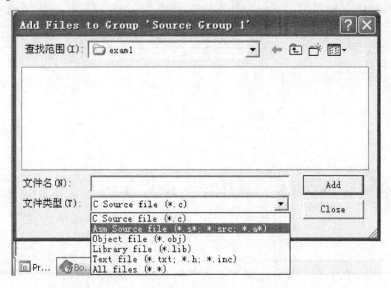

图 1.34　选中"Asm Source file(∗.s ∗ ; ∗src; ∗.a ∗)"

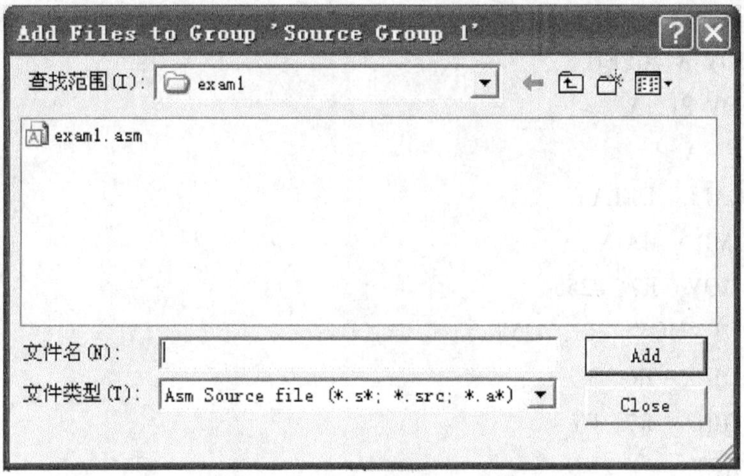

图 1.35　找到 exam1. asm 文件

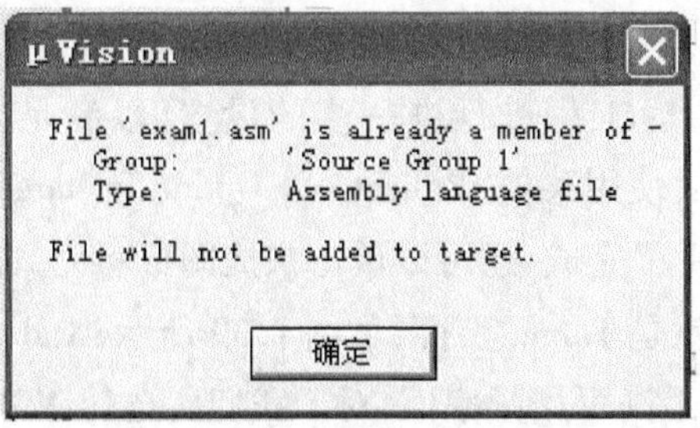

图 1.36　提示对话框

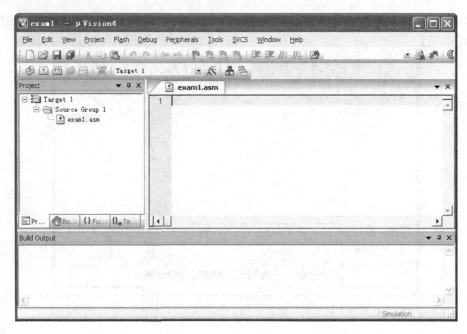

图 1.37　打开源程序

以下列程序为例,说明源程序的输入:

```
      MOV A,#0FEH
MAIN: MOV P1, A
      RL   A
      LCALL   DELAY
      AJMP    MAIN
DELAY: MOV   R7, #255
      D1: MOV   R6, #255
      DJNZ   R6, $
      DJNZ   R7, D1
      RET
      END
```

将源文件输入到软件后的主界面如图 1.38 所示。

4. 工程详细设置

工程建立好以后,还要对工程进行进一步的设置,以满足要求。首先点击左上边的 Project 窗口的 Target 1,然后使用菜单"Project – > Option for target'target 1'",如图 1.39 所示,也可以按快捷键"Alt + F7"完成,还可以单击快捷图标█完成。

设置对话框中默认的就是 Target 页面,如图 1.39 所示,Xtal 后面的数值是晶振频率值,默认值是所选目标 CPU 的最高可用频率值,对于我们所选的 AT89C51 而言是 24 MHz,该数值与最终产生的目标代码无关,仅用于软件模拟调试时显示程序执行时间。正确设置该数值可使显示时间与实际所用时间一致,一般将其设置成与硬件所用晶振频率相同,如果没必要了解程序执行的时间,也可以不设,这里设置为 12.0,如图 1.40 所示。

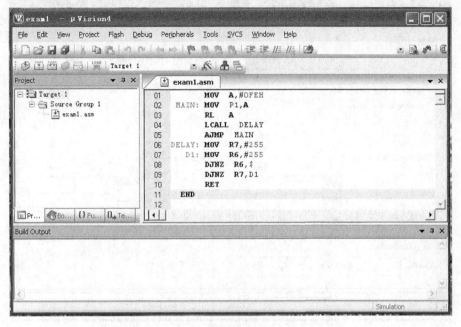

图 1.38　源文件输入到软件后的主界面

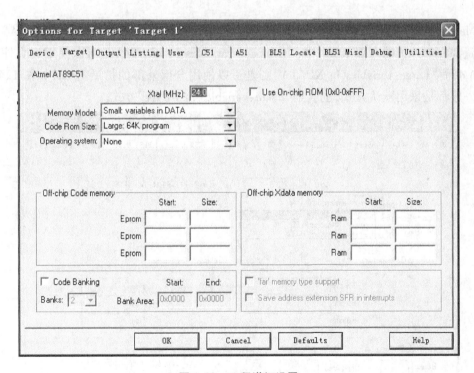

图 1.39　工程详细设置

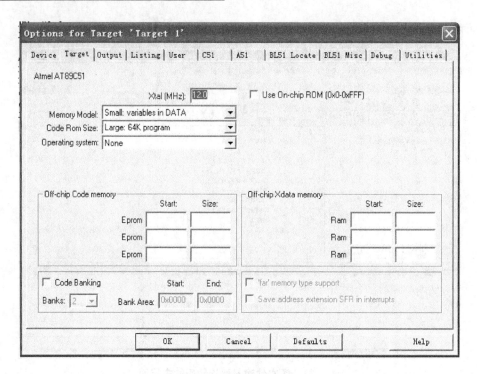

图 1.40　更改晶振频率

Memory Mode 用于设置 RAM 使用情况，有三个选择项："Small：variables in DATA"是所有变量都在单片机的内部 RAM 中；"Compact：variables in PDATA"是可以使用一页外部扩展 RAM；而"Large：variables in XDATA"则是可以使用全部外部的扩展 RAM，如图 1.41 所示。一般都是采用默认方式，也就是"Small：variables in DATA"方式。

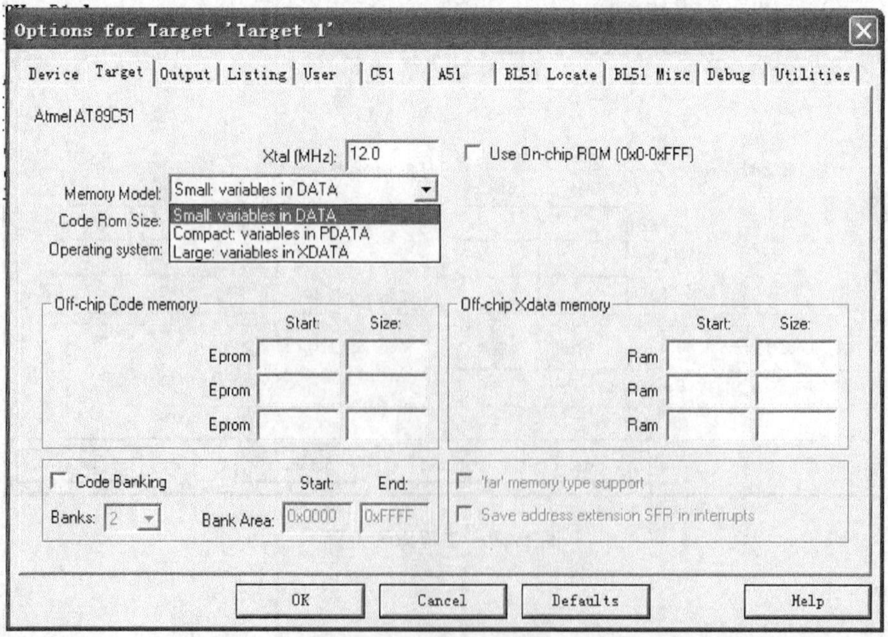

图 1.41　可以使用全部外部的扩展 RAM

Code Rom Size：用于设置 ROM 空间的使用,同样也有三个选择项,即"Small：program 2K or less"模式,只用低于 2 kB 的程序空间;"Compact：2K functions,64K program"模式,单个函数的代码量不能超过 2 kB,整个程序可以使用 64 kB 程序空间;"Large：64K program"模式,可用全部64 kB空间,如图 1.42 所示。一般都是采用默认方式,也就是"Large：64K program"模式。

Operating system：选择操作系统,Keil 提供了两种操作系统:RTX–51Tiny 和 RTR–51Full。关于操作系统是另外一个很大的话题了,通常不使用任何操作系统,即使用该项的默认值 None(不使用任何操作系统),如图 1.43 所示。

Use on-chip ROM：确认是否仅使用片内 ROM(注意:选中该项并不会影响最终生成的目标代码量);Off-Chip Code memory 用以确定系统扩展 ROM 的地址范围,Off-Chip Xdata memory 组用于确定系统扩展 RAM 的地址范围,这些选择项必须根据所用硬件决定,由于该例是单片应用,未进行任何扩展,所以均不重新选择,按默认值设置,如图 1.44 所示。

Output 页面设置对话框,如图 1.45 所示。这里面也有多个选择项,其中 Creat HEX File 用于生成可执行代码文件(可以用编程器写入单片机芯片的 HEX 格式文件,文件的扩展名为 . HEX),默认情况下该项未被选中。选中 Debug Information 将会产生调试信息,这些信息用于调试,如果需要对程序进行调试,应当选中该项。Browse Information 是产生浏览信息,该信息可以用菜单 view –> Browse 查看,这里取默认值。按钮"Select Folder for Objects..."是用来选择最终的目标文件所在的文件夹,默认是与工程文件在同一个文件夹中。"Name of Executable"用于指定最终生成的目标文件的名字,默认与工程的名字相同,这两项一般不需要更改。

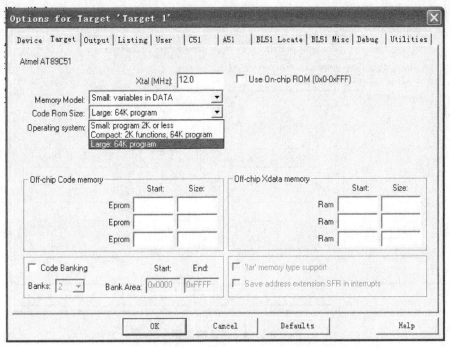

图 1.42　Large：64K program 模式

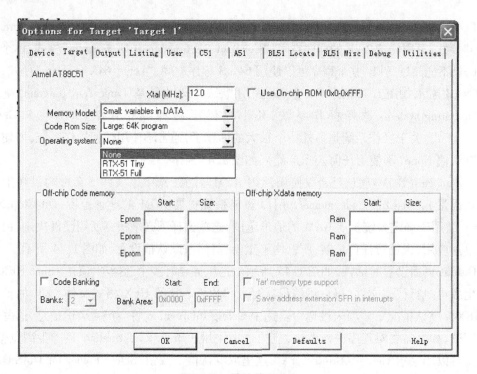

图 1.43　默认值 None

图 1.44　默认值设置

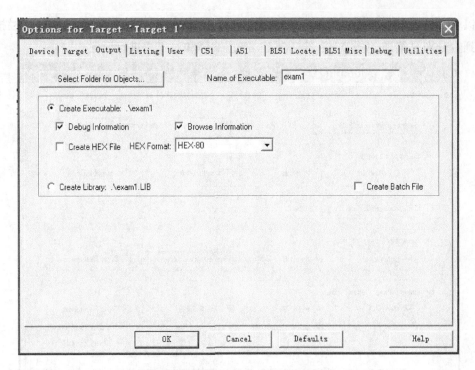

图 1.45 Output 页面设置对话框

工程设置对话框中的其他各页面与 C51 编译选项、A51 的汇编选项、BL51 连接器的连接选项等用法有关,这里均取默认值,不作任何修改。以下仅对一些有关页面中常用的选项作一个简单介绍。

Listing 标签页用于调整生成的列表文件选项,如图 1.46 所示。在汇编或编译完成后将产生(∗.lst)的列表文件,在链接完成后也将产生(∗.m51)的列表文件。该页用于对列表文件的内容和形式进行细致的调节,其中比较常用的选项是"C Compile Listing"下的"Assambly Code"项,选中该项可以在列表文件中生成 C 语言源程序所对应的汇编代码。

C51 标签页用于对 Keil 的 C51 编译器的编译过程进行控制,其中比较常用的是"Code Optimization"组,如图 1.47 所示,该组中 Level 是优化等级,C51 在对源程序进行编译时,可以对代码多至 9 级优化,默认使用第 8 级,一般不必修改,如果在编译中出现一些问题,可以降低优化级别试一试。Emphasis 是选择编译优先方式,第一项是代码量优化(最终生成的代码量小)、第二项是速度优先(最终生成的代码速度快)、第三项是缺省。默认的是速度优先,可根据需要更改。

设置完成后按"OK"返回主界面,工程文件建立、设置完毕。

5.编译、连接、生成目标文件

在设置好工程后,即可进行编译、链接。选择菜单 Project −> Build target 对当前工程进行链接。如果当前文件已修改,软件会先对该文件进行编译,然后再链接以产生目标代码;如果选择 Rebuild All target files,将会对当前工程中的所有文件重新进行编译然后再链接,确保最终生产的目标代码是最新的;而 Translate... 项则仅对该文件进行编译,不进行链接,如图 1.48 所示。

以上操作也可以通过工具栏按钮直接进行。图1.49是有关编译、设置的工具栏按钮，从左到右分别是编译、编译链接、全部重建、停止编译和对工程进行设置。

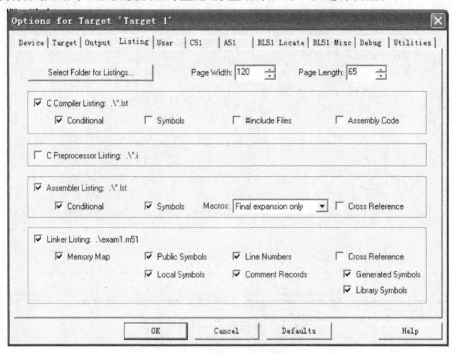

图1.46　调整生成的列表文件选项

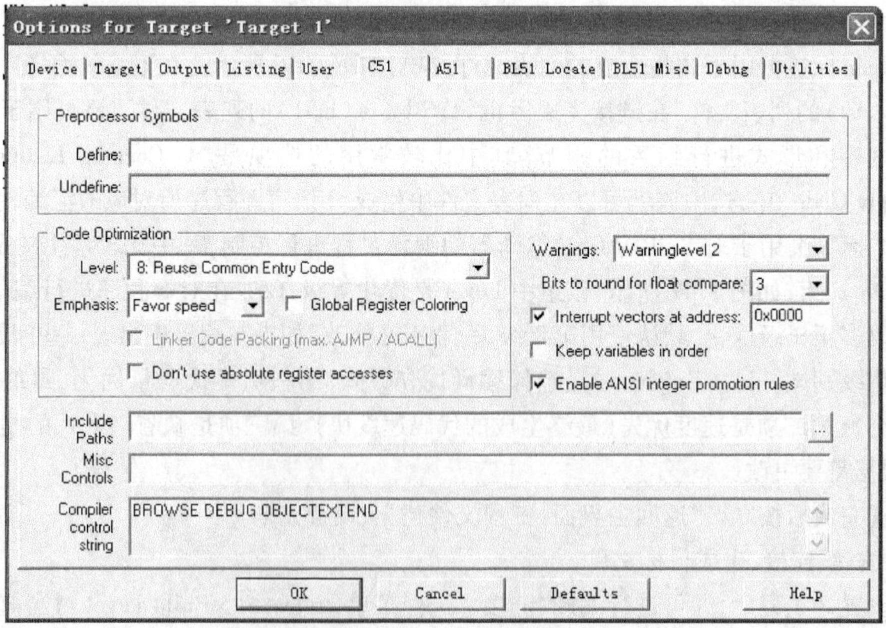

图1.47　Code Optimization 组

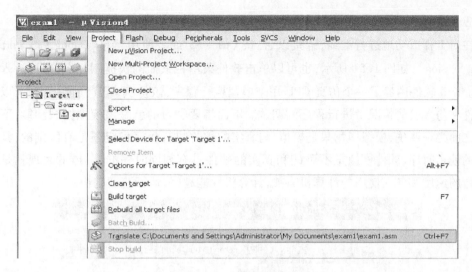

图 1.48 编译、链接

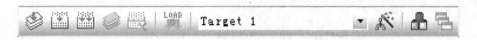

图 1.49 有关编译、设置的工具栏按钮

　　编译过程中的信息将出现在输出窗口中的 Build 页中。如果源程序中有语法错误,会有错误报告出现。双击该行,可以定位到出错的位置,对源程序反复修改之后,最终会得到如图 1.50 所示的结果。提示获得了名为 exam1.hex 的文件,该文件即可被编程器读入并写到芯片中,同时还产生了一些其他相关的文件,可被用于 Keil 的仿真与调试,这时可以进入下一步调试的工作。

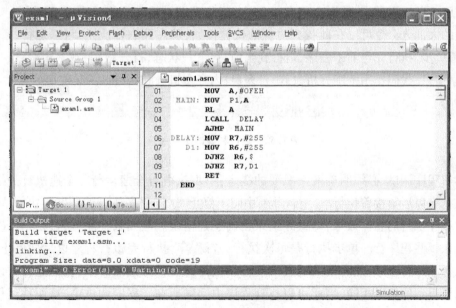

图 1.50 编译结果

6. Keil 的调试命令、在线汇编与断点设置

在对工程成功地进行汇编、链接以后，按 Ctrl + F5 或者使用菜单"Debug – > Start/Stop Debug Session"，如图 1.51 所示；也可以单击软件菜单栏下面的快捷图标 ，即可进入调试状态。Keil 软件内建了一个仿真 CPU 用来模拟执行程序，该仿真 CPU 功能强大，可以在没有硬件和仿真机的情况下进行程序的调试。下面将要学习的就是该模拟调试功能，不过在学习之前必须明确，模拟毕竟只是模拟，与真实的硬件执行程序肯定还是有区别的，其中最明显的就是时序，软件模拟是不可能和真实的硬件具有相同时序的，具体的表现就是与程序执行的速度和各人使用的计算机有关，计算机性能越好，运行速度越快。

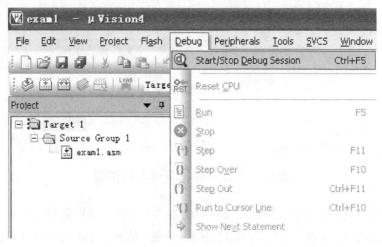

图 1.51　调试结果

进入调试状态后，界面与编辑状态相比有明显的变化，Debug 菜单项中原来不能用的命令现在已可以使用了，工具栏会多出一个用于运行和调试的工具条，如图 1.52 所示。Debug 菜单上的大部分命令可以在此找到对应的快捷按钮，从左到右依次是复位、运行、暂停、单步、过程单步、执行完当前子程序、运行到当前行、下一状态、打开跟踪、观察跟踪、反汇编窗口、观察窗口、代码作用范围分析、1#串行窗口、内存窗口、性能分析、工具按钮等命令。

图 1.52　运行和调试工具条

学习程序调试，必须明确两个重要的概念：单步执行与全速运行。全速执行是指一行程序执行完以后紧接着执行下一行程序，中间不停止，这样程序执行的速度很快，并可以看到该段程序执行的总体效果，即最终结果正确还是错误。但如果程序有错，则难以确认错误出现在哪些程序行。单步执行是每次执行一行程序，执行完该行程序以后即停止，等待命令执行下一行程序，此时可以观察该行程序执行完以后得到的结果，验证是否与该行程序所想要得到的结果相同，借此可以找到程序中问题所在。程序调试中，这两种运行方式都要用到。

使用菜单 STEP 或相应的命令按钮或使用快捷键 F11 可以单步执行程序，使用菜单

STEP OVER 或功能键 F10 可以以过程单步形式执行命令。所谓过程单步,是指将汇编语言中的子程序或高级语言中的函数作为一个语句全速执行。

　　按下 F11 键,可以看到源程序窗口的左边出现了一个黄色调试箭头,指向源程序的第一行,如图 1.53 所示。每按一次 F11,即执行该箭头所指程序行,然后箭头指向下一行。当箭头指向 LCALL DELAY 行时,再次按下 F11,会发现箭头指向了延时子程序 DELAY 的第一行。不断按 F11 键,即可逐步执行延时子程序。

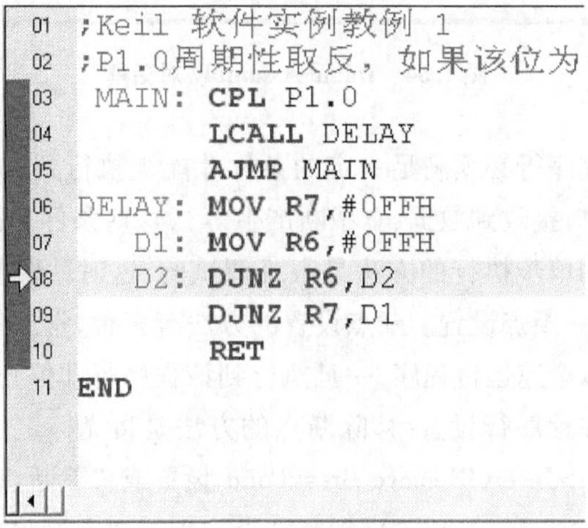

```
01  ;Keil 软件实例教例 1
02  ;P1.0周期性取反,如果该位为
03  MAIN: CPL P1.0
04        LCALL DELAY
05        AJMP MAIN
06  DELAY: MOV R7,#0FFH
07    D1: MOV R6,#0FFH
08->  D2: DJNZ R6,D2
09        DJNZ R7,D1
10        RET
11  END
```

图 1.53　按下 F11 键

　　通过单步执行程序,可以找出一些问题的所在。但是,仅依靠单步执行查错有时是很困难的,虽能查出错误但效率很低。为此,必须辅以其他的方法,如本例中的延时程序是通过将 D2:DJNZ R6,D2 这一行程序执行六万多次达到延时的目的,如果用按 F11 六万多次的方法执行完该程序行,显然不合适。为此,可以采取以下一些方法:第一,用鼠标在子程序的最后一行(ret)点一下,把光标定位于该行,然后用菜单 Debug -> Run to Cursor line(执行到光标所在行),即可全速执行完黄色箭头与光标之间的程序行;第二,在进入该子程序后,使用菜单 Debug -> Step Out of Current Function(单步执行到该函数外),使用该命令后,即全速执行完调试光标所在的子程序或子函数并指向主程序中的下一行程序(这里是 JMP LOOP 行);第三,在开始调试时,按 F10 而非 F11,程序也将单步执行,不同的是,执行到 lcall delay 行时,按下 F10 键,调试光标不进入子程序的内部,而是全速执行完该子程序,然后直接指向下一行"JMP LOOP"。灵活应用这几种方法,可以大大提高查错的效率。

　　在进入 Keil 的调试环境以后,如果发现程序有错,可以直接对源程序进行修改。但是要使修改后的代码起作用,必须先退出调试环境,重新进行编译、链接后再次进入调试。如果只是需要对某些程序行进行测试或仅需对源程序进行临时的修改,这样的过程未免有些麻烦。为此,Keil 软件提供了在线汇编的能力,将光标定位于需要修改的程序行上,用菜单 Debug -> Inline Assembly,即可出现如图 1.54 的对话框。在 Enter New 后面的编辑框内直接输入需更改的程序语句,输入完后键入回车将自动指向下一条语句,可以继续修改,如果不再需要修改,可以点击右上角的关闭按钮关闭窗口。

图 1.54   **Inline Assambly 对话框**

程序调试时，一些程序行必须满足一定的条件才能被执行到（如程序中某变量达到一定的值、按键被按下、串口接收到数据、有中断产生等），这些条件往往是异步发生或难以预先设定的，这类问题使用单步执行的方法是很难调试的，这时就要使用到程序调试中的另一种非常重要的方法——断点设置。断点设置的方法有多种，常用的是在某一程序行设置断点，设置好断点后可以全速运行程序，一旦执行到该程序行即停止，可在此观察有关变量值，以确定问题所在。在程序行设置/移除断点的方法是将光标定位于需要设置断点的程序行，使用菜单 Debug – >Insert/Remove BreakPoint 设置或移除断点（也可以用鼠标在该行双击实现同样的功能）；Debug – >Enable/Disable Breakpoint 是开启或暂停光标所在行的断点功能；Debug – >Disable All Breakpoint 暂停所有断点；Debug – >Kill All BreakPoint 清除所有的断点设置。这些功能也可以用工具条上的快捷按钮进行设置。

除了在某程序行设置断点这一基本方法以外，Keil 软件还提供了多种设置断点的方法，选择 Debug – >Breakpoints，即出现一个对话框，该对话框用于对断点进行详细的设置，如图 1.55 所示。

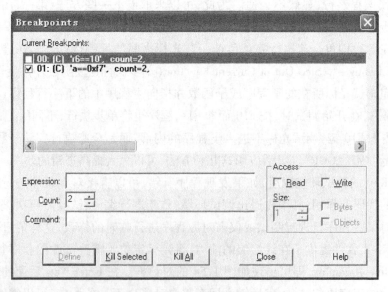

图 1.55   **对断点进行详细的设置**

图 1.55 中 Expression 后的编辑框内用于输入表达式。该表达式用于确定程序停止运

行的条件,这里表达式的定义功能非常强大,涉及 Keil 内置的一套调试语法,这里不作详细说明,仅举若干实例,希望读者可以举一反三。

①在 Experssion 中键入 a==0xf7,再点击 Define 即定义了一个断点。注意,a 后有两个等号,意即相等。该表达式的含义是:如果 a 的值到达 0xf7 则停止程序运行。除使用相等符号之外,还可以使用 >、>=、<、<=、!=(不等于)、&(两值按位与)、&&(两值相与)等运算符号。

②在 Expression 后中键入 Delay,再点击 Define,其含义是如果执行标号为 Delay 的行则中断。

③在 Expression 后中键入 Delay,按 Count 后的微调按钮,将值调到 3,其意义是当第三次执行到 Delay 时才停止程序运行。

④在 Expression 后键入 Delay,在 Command 后键入 printf("SubRoutine'Delay'has been Called\n"),主程序每次调用 Delay 程序时并不停止运行,但会在输出窗口 Command 页输出一行字符,即"SubRoutine'Delay'has been Called"。其中,"\n"的用途是回车换行,使窗口输出的字符整齐。

⑤设置断点前先在输出窗口的 Command 页中键入 DEFINE int I,然后在断点设置时同④),但是 Command 后键入 printf("SubRoutine'Delay'has been Called %dtimes\n", ++I),则主程序每次调用 Delay 时将会在 Command 窗口输出该字符及被调用的次数,如 SubRoutine'Delay'has been Called 10 times。

对于使用 C 源程序语言的调试,表达式中可以直接使用变量名,但必须要注意,设置时只能使用全局变量名和调试箭头所指模块中的局部变量名。

第 2 章　Proteus 仿真软件

2.1　Proteus 软件简介

Proteus 软件是英国 Lab Center Electronics 公司出版的 EDA 工具软件,它不仅具有其他 EDA 工具软件的仿真功能,还能仿真单片机及外围器件。它是目前比较好的仿真单片机及外围器件的工具。虽然目前国内推广刚起步,但已受到单片机爱好者、从事单片机教学的教师、致力于单片机开发应用的科技工作者的青睐。

Proteus 从原理图布图、代码调试到单片机与外围电路协同仿真、一键切换到 PCB 设计,真正实现了从概念到产品的完整设计。它是目前世界上唯一将电路仿真软件、PCB 设计软件和虚拟模型仿真软件三合一的设计平台,其处理器模型支持 8051,HC11,PIC10/12/16/18/24/30/DsPIC33,AVR,ARM,8086 和 MSP430 等,2010 年又增加了 Cortex 和 DSP 系列处理器,并持续增加其他系列处理器模型。在编译方面,它也支持 IAR,Keil 和 MPLAB 等多种编译器。

2.1.1　Proteus 软件组成和特点

1. Proteus 软件组成

Proteus 电子设计软件由原理图输入系统(ISIS)、混合模型仿真器、动态器件库、高级图形分析模块、处理器仿真模型 VSM 及 PCB 设计编辑(ARES)6 个部分组成,如图 2.1 所示。

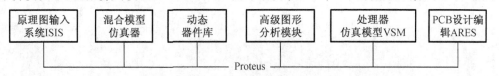

原理图输入系统ISIS　　混合模型仿真器　　动态器件库　　高级图形分析模块　　处理器仿真模型VSM　　PCB设计编辑ARES

Proteus

图 2.1　Proteus 基本组成

2. Proteus 软件特点

①集原理图设计、仿真和 PCB 设计于一体,真正实现了从概念到产品的设计;

②具有模拟电路、数字电路、单片机应用系统、嵌入式系统(不高于 ARM7)设计与仿真功能;

③具有全速、单步、设置断点等多种形式的调试功能;

④具有各种信号源和电路分析所需的虚拟仪表;

⑤支持 Keil,C51,μVision4,MPLAB 等第三方的软件编译和调试环境,是目前唯一能仿真微处理器的电子设计软件;

⑥具有强大的原理图到 PCB 设计功能,可以输出多种格式的电路设计报表。

2.1.2 Proteus 软件资源

Proteus 软件提供了操作工具、绘图工具、电路激励源、虚拟仪器、测试探针和丰富的元件资源,可用来进行电路设计、电路功能分析、电路图表分析。

1. 操作工具

Proteus 提供下列操作工具:

①Component,元器件选择;

②Junction dot,在原理图中标注连接点;

③Wire label,标注网络标号;

④Text script,在电路中输入说明文本;

⑤Bus,绘制总线;

⑥Bus-circuit,绘制子电路块;

⑦Instant edit mode,选择元器件(编辑);

⑧Inter-sheet terminal,对象选择器列出输入/输出、电源、地等终端;

⑨Device Pin,对象选择器列出普通引脚、时钟引脚、反电压引脚和短接引脚等;

⑩Simulation graph,对象选择器列出各种仿真分析所需的图表;

⑪Tape recorder,当对设计电路分割仿真时采用此模式;

⑫Generator,对象选择器列出各种激励源;

⑬Voltage probe,电压探针,电路进入仿真模式时可显示各探针处的电压值;

⑭Current probe,电流探针,电路进入仿真模式时可显示各探针处的电流值;

⑮Virtual instrument,对象选择器列出各种虚拟仪器。

2. 绘图工具

①2D graphics line,绘制直线(用于创建元器件或表示图表时绘制线);

②2D graphics box,绘制方框;

③2D graphics circle,绘制圆;

④2D graphics arc,绘制弧;

⑤2D graphics path,绘制任意形状图形;

⑥2D graphics text,文本编辑,用于插入说明;

⑦2D graphics symbol,用于选择各种符号元器件;

⑧Makers for component origin etc,用于产生各种标记图标;

⑨Set rotation,方向旋转按钮,以 90°偏置改变元器件的放置方向;

⑩Horizontal reflection,水平镜像旋转按钮;

⑪Vertical reflection,垂直镜像旋转按钮。

3. 电路激励源

在 Proteus 中,提供了 13 种信号源,对于每种信号源参数又可进行设置。

①DC,直流电压源;

②Sine,正弦波发生器;

③Pulse,脉冲发生器;

④Exp,指数脉冲发生器；

⑤SFFM,单频率调频波信号发生器；

⑥Pwlin,任意分段线性脉冲信号发生器；

⑦File,File 信号发生器,数据来源于 ASCII 文件；

⑧Audio,音频信号发生器,数据来源于 Wav 文件；

⑨DState,稳态逻辑电平发生器；

⑩Dedge,单边沿信号发生器；

⑪DPulse,单周期数字脉冲发生器；

⑫DClock,数字时钟信号发生器；

⑬DPattern,模式信号发生器。

4. 电路功能分析

在 Proteus 中,提供了 9 种电路分析工具,在电路设计时,可用来测试电路的工作状态。

①虚拟示波器(Oscilloscope)；

②逻辑分析仪(Logic Analysis)；

③计数/定时器(Counter Timer)；

④虚拟终端(Virtual Terminal)；

⑤信号发生器(Signal Generator)；

⑥模式发生器(Pattern Generator)；

⑦交直流电压表和电流表(AC/DC Voltmeters/Ammeters)；

⑧SPI 调试器(SPI Debugger)；

⑨I^2C 调试器(I^2C Debugger)。

5. 电路图表分析

在 Proteus 中,提供了 13 种分析图表,在电路高级仿真时,用来精确分析电路的技术指标。

①模拟图表(Analogue)；

②数字图表(Digital)；

③混合分析图表(Mixed)；

④频率分析图表(Frequency)；

⑤转移特性分析图表(Transfer)；

⑥噪声分析图表(Noise)；

⑦失真分析图表(Distortion)；

⑧傅里叶分析图表(Fourier)；

⑨音频分析图表(Audio)；

⑩交互分析图表(Interactive)；

⑪一致性分析图表(Conformance)；

⑫直流扫描分析图表(DC Sweep)；

⑬交流扫描分析图表(AC Sweep)。

6. 测试探针

在 Proteus 中,提供了电流和电压探针用来测试所放处的电流和电压值。值得注意的是,电流探针的方向一定要与电路的导线平行。

①电压探针(Voltage probes):既可在模拟仿真中使用,也可在数字仿真中使用。在模拟电路中记录真实的电压值,而在数字电路中记录逻辑电平及其强度。

②电流探针(Current probes):仅在模拟电路仿真中使用,可显示电流方向和电流瞬时值。

7. 元件

Proteus 提供了大量元器件的原理图符号和 PCB 封装,在绘制原理图之前必须知道每个元器件对应的库,在自动布线之前必须知道对应元器件的封装,下面是常用的元器件库。

(1)元器件库

①Device. LIB(电阻、电容、二极管、三极管等常用元件库);

②Active. LIB(虚拟仪器、有源元器件库);

③Diode. LIB(二极管和整流桥库);

④Display. LIB(LED 和 LCD 显示器件库);

⑤Bipolar. LIB(三极管库);

⑥Fet. LIB(场效应管库);

⑦Asimmdls. LIB(常用的模拟器件库);

⑧Dsimmdls. LIB(数字器件库);

⑨Valves. LIB(电子管库);

⑩74STD. LIB(74 系列标准 TTL 元器件库);

⑪74AS. LIB(74 系列标准 AS 元器件库);

⑫74LS. LIB(74 系列 LS TTL 元器件库);

⑬74ALS. LIB(74 系列 AIS TTL 元器件库);

⑭74S. LIB(74 系列肖特基 TTL 元器件库);

⑮74F. LIB(74 系列快速 TTL 元器件库);

⑯74HC. LIB(74 系列和 4000 系列高速 CMOS 元器件库);

⑰ANALOG. LIB(调节器、运放和数据采样 IC 库);

⑱CAPACITORS. LIB(电容库);

⑲CMOS. LIB(4000 系列 CMOS 元器件库);

⑳ECL. LIB(ECL 10000 系列元器件库);

㉑I^2CMEM. LIB(I^2 C 存储器库);

㉒MEMORY. LIB(存储器库);

㉓MICRO. LIB(常用微处理器库);

㉔OPAMP. LIB(运算放大器库);

㉕RESISTORS. LIB(电阻库)。

(2)封装库

①PACKAGE. LIB(二极管、三极管、IC、LED 等常用元件封装库);

②MTDISC.LIB(常用元件的表贴封装库)；

③SMTCHIP.LIB(LCC,PLCC,CLCC等器件封装库)；

④SMTBGA.LIB(常用接插件封装库)。

2.2 Proteus 软件基本操作

2.2.1 Proteus ISIS 界面介绍

安装完 Proteus 7 Professional 后,通过开始菜单,打开程序中 Proteus 的 ISIS 7 Professional ▸ ,就可以进入 Proteus ISIS 的开发界面,如图2.2所示。

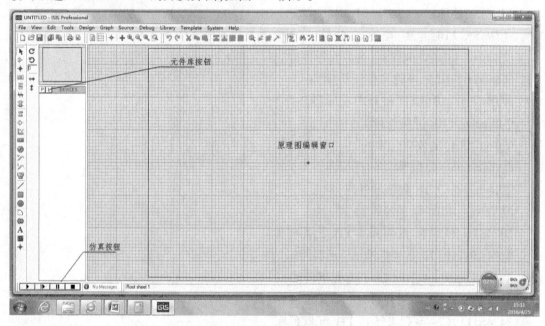

图2.2 Proteus ISIS 开发界面

Proteus ISIS 分为三个窗口:导航窗口、元件列表区和原理图编辑窗口。

导航窗口:也称预览窗口,可以显示全部的原理图。当从元件列表区选中一个新的元件对象时,导航窗口还可以预览选中的对象。

元件列表区:画原理图时,显示所选择的全部元器件。

原理图编辑窗口:用于放置元器件,绘制原理图。

工具箱:工具箱提供不同的操作工具,根据选择的不同工具图标选择不同的工具,实现不同的功能。对应的图标操作如下。

1.电路绘制模块

↖ 选中元器件,对元器件进行相关操作(修改参数、位移等)

↥ 选取元器件,实现元器件在从元器件列表区到原理图编辑窗口的放置

╪ 放置节点

[LBL] 放置标签,相当于网络标号

[≣] 放置文本

[╫] 绘制总线

[╠] 放置子电路

2. 配件模块

[▱] 终端接口,有 VCC、地、输入、输出、总线等

[╬] 器件引脚,用于绘制各种芯片引脚

[∿] 仿真图表,用于各种分析,如 Noise Analysis

[▦] 录音机,对设计电路分割仿真时采用此模式

[Ⓨ] 信号发生器,可以提供各种激励源

[∀] 电压探针,可以在仿真时显示该探针点的电压

[∿] 电流探针,可以在仿真时显示该探针指向支路的电流

[▨] 虚拟仪表,可以提供各种虚拟测量仪器,如示波器,逻辑分析仪等

3. 2D 图形模块

[╱] 画各种直线

[▪] 画各种方框

[●] 画各种圆

[◗] 画各种圆弧

[◍] 画各种多边形

A 添加文本

[S] 添加符号

[╫] 添加原点

4. 方向工具模块

[↻] 按 90°顺时针旋转改变元器件的方向

[↺] 按 90°逆时针旋转改变元器件的方向

[0] 显示转过的角度,顺时针为" – ",逆时针为" + "

[↔] 以 Y 为对称轴,按 180°水平翻转元器件

[↕] 以 X 为对称轴,按 180°垂直翻转元器件

5. 仿真工具栏

[▶ │ ▶│ │ ▐▐ │ ▐] 仿真控制按钮,由左向右功能分别为运行、单步运行、暂停、停止。

2.2.2　Proteus 软件基本操作

1. 对象选择

在编辑框中用鼠标指向对象并右击选中该对象,选中对象呈高亮显示,选中对象时该对象上的所有连线同时被选中。如果要选中一组对象,可通过依次在每个对象右击选中每

个对象的方式,也可以通过按住右键拖出一个选择框的方式,但只有完全位于选择框内的对象才可以被选中。在空白处右击可以取消所有对象的选择。

2. 对象设置

首先单击对象选择按钮 P,在弹出的器件库中输入器件名称,选中具体的器件,这样所选的器件将列在对象选择窗口中;然后在对象选择器窗口中选中器件,选中的器件在预览窗口中将显示具体的形状和方位;最后在图形编辑窗口中单击放置器件。

3. 删除对象

用鼠标指向选中的对象并右击可以删除该对象,同时删除该对象的所有连线。

4. 拖动对象

用鼠标指向选中的对象并按住左键拖曳可以拖动对象。该方式不仅对整个对象有效,而且对对象中单独的 labels(指元器件名称、参数)也有效。

5. 拖动对象标签

许多类型的对象附着有一个或多个属性标签。例如,每个元件有一个"reference"标签和一个"value"标签,可以很容易地移动这些标签使电路图看起来更美观,移动标签的步骤如下:

①选中对象;

②用鼠标指向标签按住鼠标左键;

③拖动标签到需要的位置,如果想要定位得更精确的话,可以在拖动时改变捕捉的精度(使用 F4,F3,F2,Ctrl + F1);

④释放鼠标。

6. 调整对象大小

子电路、图表、线、框和圆可以调整大小,调整对象大小的步骤如下:

①选中对象;

②如果对象可以调整大小,对象周围会出现黑色小方块,称为"手柄";

③按住鼠标左键拖动这些"手柄"到新的位置,可以改变对象的大小。

7. 调整对象的朝向

许多类型的对象可以调整朝向为 $0,90°,270°,360°$,或通过 x 轴、y 轴镜像,调整对象朝向的步骤如下:

①选中对象;

②单击 Rotation 图标,对象逆时针旋转,右击 Rotation 图标,对象顺时针旋转;

③单击 Mirror 图标,对象按 x 轴镜像,右击 Mirror 图标,对象按 y 轴镜像。

8. 编辑对象属性

编辑对象属性的步骤是先右击选中对象,再单击选中对象,弹出对象编辑窗口。

9. 复制对象

复制对象的方法如下:

①选中需要的对象;

②单击 Copy 图标;

③把复制的轮廓拖到需要的位置;

④右击结束。

10. 移动对象

移动对象的步骤是先选中需要的对象,然后单击拖动对象。

11. 删除对象

删除对象的步骤是选中需要的对象,单击 Delete 图标,删除对象。如果错误删除了对象,可以使用 Undo 命令恢复原状。

12. 画线

在两个对象间连线,单击第一个对象连接点,再单击另一个连接点,ISIS 就会自动将两个点连上。如果用户想自己决定走线路径,只需在想要拐点处单击即可。线路路径器用来设置走线方法,单击"Tool"→"Wire Auto-Router"命令,实现对 WAR 的设置,该功能默认是打开的。打开 WAR 是折线连线,关闭 WAR 是两点直线连线。对具有相同特性的画线,可采用重复布线的方法。先画一条,然后再在元件引脚双击即可。假设要连接一个 8 字节 ROM 的数据线到单片机 P0 口,只要画出某一条从 ROM 数据线到单片机 P0 口线,其余的单击 ROM 元件的引脚即可。

13. 拖线

右击选中要拖动的线,光标呈箭头状,然后拖动鼠标,线就平行移动,如果右击后选中的是线的某个角,则光标变成十字箭头,此时拖动鼠标,线将按一个角度移动。

2.3 Proteus ISIS 参数设置

2.3.1 Proteus ISIS 编辑环境设置

Proteus ISIS 编辑环境的设计主要是指图纸幅面的选择、网格设置、电路模板设置及标注字体的设置,编辑环境的设置是解决电路设计的外观参数。

1. 图纸幅面设置

单击"File"→"New Design"命令,弹出"Create New Design"对话框,如图 2.3 所示,选择合适的图纸幅面,单击"OK"按钮即可。也可单击"System"→"Set Sheet Sizes"命令调整图纸的幅面。

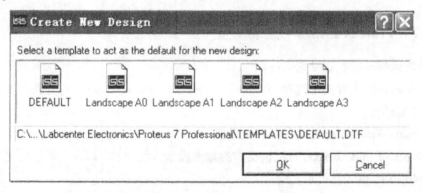

图 2.3 "Create New Design"对话框

2. 网格设置

ISIS 中坐标系统的基本单位是 10 th，主要是为了和 Proteus ARES 保持一致，但坐标系统的识别单位被限制为 1 th。坐标原点默认在图形编辑区的中间，图形的坐标值能够显示在屏幕右下角的状态栏中，编辑窗口内有点状的栅格，可以通过"View"→"Grid"命令在打开和关闭之间切换。在原理图中，如果栅格设置不当会造成不能连线，栅格和捕捉栅格的设置由"View"→"Snap"命令设置。

3. 模板设置

(1)选择电路模板

选择"Proteus"→"Template"命令，弹出对话框，然后可以选择下拉菜单的对应栏进行相关设置。

(2)设置模板参数

选择"Template"→"Set Design Defaults"命令，弹出如图2.4所示模板参数设置对话框。在这里可以设置图、格点、工作区、边界等颜色。同样，选用模板的其他项，可完成对图形颜色、风格等设置。

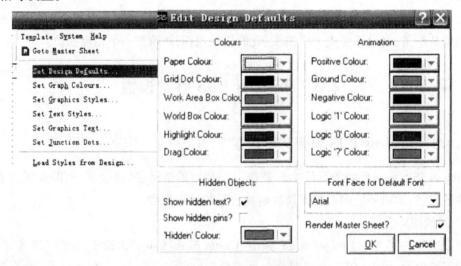

图 2.4　模板参数设置对话框

2.3.2　Proteus ISIS 系统参数设置

1. 系统运行环境参数设置

在 Proteus ISIS 主界面中选择"System"→"Set Environment"命令，打开图2.5所示的系统环境设置对话框。

①Autosave Time：系统自动保存时间设置。

②Number of Undo Levels：可撤销操作的数量设置。

③Tooltip Delay：工具提示延时。

④Auto Synchronise /Save with ARES：是否自动同步/保存 ARES。

⑤Save/load ISIS state in design files：是否在设计文档中加载/保存 ISIS 状态。

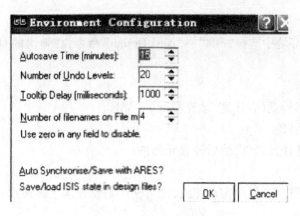

图 2.5　系统环境设置

2. 设置 Animation 选项

选择"System"→"Set Animation Options"命令即可打开仿真电路设置对话框,如图 2.6 所示。

①Show Voltage:表示是否在探测点显示电压值与电流值。

②Show Logic State of Pins:表示是否显示引脚的逻辑状态。

③Show Wire Voltage by Colour:表示是否用不同的颜色表示不同的电压。

④Show Wire Current with Arrows:表示是否用箭头表示线的电流方向。

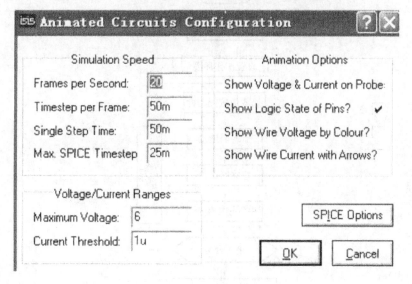

图 2.6　仿真电路设计

2.4　Proteus 电路设计

2.4.1　设计流程

电路设计流程图如图 2.7 所示,原理图的设计方法如下。

1.新建设计文档

在 Proteus ISIS 环境中选择"File"→"New Design"命令,在弹出的对话框中选择适当的图纸尺寸。

2.设置工作环境

用户自定义图形外观(含线宽、填充类型、字符)。

3.选取、放置元器件

在编辑环境中选择元器件,然后放置元器件。

4.绘制原理图

单击元件引脚或连线,就能实现连线,也可使用自动连线工具连线。

5.建立网络表

选择"Tools"→"Netlist Complier"命令,在出现的对话框中,可设置网络表的输出形式、模式、范围、深度及格式,网络表是电路板与电路原理图之间的纽带。

6.电气规则检查

选择"Tools"→"Electrical Rule Check"命令,得到电气规则检测报告单,只有无电气规则检测错误的设计,才可执行下一步操作。

7.存盘、报表输出

将设计好的原理图存盘,选择"Tools"→"Bill Of Material"命令输出 BOM。

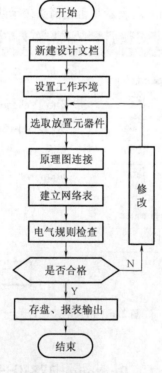

图 2.7　电路设计流程图

2.4.2　设计实例

下面以基于单片机的 LCD 液晶显示为例说明电路原理图的 Proteus 设计方法。

1. 新建设计文档

选择"File"→"New Design"命令,选择默认方式。

2. 设置工作环境

用户自定义图形的线宽、填充类型、字符。

3. 选取元器件

按设计要求,在对象选择窗口中单击"P"按钮,弹出"Pick Devices"对话框,在"Keywords"中输入要选择的元器件名,然后在右边框中选中要选的元器件,则元器件列在对象选择窗口中,如图2.8所示,本设计所需选用的元器件如下:

①8051. BUS、总线型的微处理器;

②74LS373,锁存器;

③CAP、CAP – ELEC、瓷片电容和电解电容;

④CRYSTAL、晶振;

⑤LM032L、1602,LCD、液晶显示模块;

⑥NAND – 2、与非门。

4. 放置元器件

在对象选择窗口中单击"80C51",然后把鼠标指针移到右边的原理图编辑区的适当位置并单击,就把80C51放到了原理图编辑区。用同样的方法将对象选择窗口中的其他元件放到原理图编辑区。

5. 放置电源及接地符号

在器件选择器里单击"POWER"或"GROUND",把鼠标指针移到原理图编辑区并双击,即可放置电源符号或接地符号。

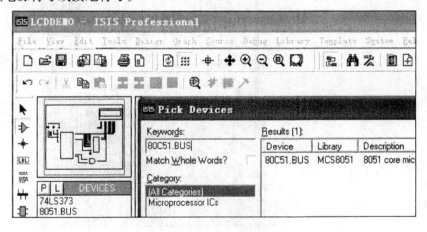

图2.8 元器件选择对话框

6. 对象的编辑

把电源、接地符号进行统一调整,放在适当的位置,单击元器件,在弹出的对话框中选择"Edit Properties",对元器件参数进行设置。

7. 原理图连线

原理图中的连线分单根导线、总线和总线分支线3种。

①单根导线:在ISIS编辑环境中,单击对象的第一个连接点,再单击另一个连接点,ISIS

就能自动绘制出一条导线,如果用户想自己决定走线路径,只需在想要拐点处单击即可。

②总线:单击工具箱中的总线按钮(Bus),即可在编辑窗口画总线。

③总线分支线:单击欲连线的点,然后在离总线一定距离的地方再单击,然后按住 Ctrl 键,将鼠标移到总线上单击即可(需要把 WAR 功能关闭)。

8. 放置网络标号

单击工具箱的网络标号按钮"Wire Label Mode",在要标记的导线上单击,在弹出的对话框中输入网络标号,然后单击"OK"按钮即可。按照上述方法绘制的电路如图 2.9 所示。

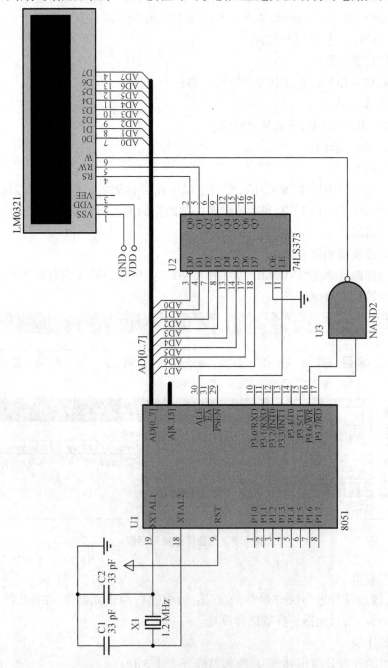

图 2.9　基于单片机的 1602 仿真电路

9. 电气规则检测

电路设计完成后,选择"Tools"→"Electrical Rule Check"命令,弹出电气规则检查结果窗口。在窗口中,前面是一些文本信息,接着是电气规则检查结果列表,若有错,会有详细的说明。

10. 生成报表

ISIS 可以输出网络表、元器件清单等多种报告。生成网络表的操作是选择"Tools"→"Netlist Complier"命令,输出网络表。网络表是连接原理图与 PCB 图的纽带和桥梁。

2.5　Proteus 电路仿真

Proteus 有交互式仿真和基于图表仿真两种,两种方式可以结合进行。交互式仿真用进程控制按钮启动,起到定性分析电路功能的作用;基于图表仿真通过按空格键或选择"Graph"→"Simulate Graph"命令启动,起定量分析电路特性的作用,如图 2.10 所示。

(a)　　　　　　　　　　　　　　　　(b)

图 2.10　Proteus 仿真控制

(a)交互式仿真控制;(b)基于图表仿真控制

2.5.1　单片机应用系统交互式仿真

交互式仿真是通过交互式器件和虚拟仪器观察电路的运行状况,用来定性分析电路,验证电路是否能正确工作。交互仿真步骤如下。

1. Proteus 编辑器

电路设计完成后,进入程序设计,在介绍交互式仿真前,首先简要介绍 Proteus 自带的编译器。Proteus 带有 51,PIC,AVR 等汇编编译器。操作方法是:在 ISIS 中选择"Source"→"Add/Remove Source Files(添加或删除源程序)"命令,弹出如图 2.11 所示的对话框。下面以上述的液晶显示程序 LCDDEMO. ASM 为例说明。在图 2.11 中的"Source Code Filename"中输入程序文件名 LCDDEMO. ASM,在"Code Generation Tool"中下拉选择"ASEM51",然后单击"OK"按钮,设置完毕。回到菜单栏,找到"Source"下面的 LCD – DEMO. ASM,将程序输入。

使用 Proteus 自带编译器的注意事项如下。

①因为 Proteus 中自带的编译器都是使用命令行进行编译的,在选择"Source"→"Define Code Generation Tools"命令打开的对话框中,有一项参数是 Command Line,对于代码生存工具 ASEM51 来说,默认的命令行参数可能类似于"% 1/INCLUDES: C: \ Program Files \ Labcenter Electronics\Proteus 7 ProfessionaI\TOOLS\ASEM51"。其中,%1代表的是源代码,/INCLUDES:后面跟着的是包含路径,该路径下的 ∗. mcu 文件即是通常的 SFR 定义文件。其实这一参数并不需要设置,通常 Command Line 参数设置为%1。

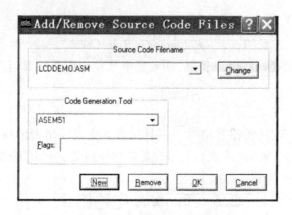

图2.11 使用自带编辑器

②/INCLUDES 的路径参数设置中包含了空格，ASEM51 汇编器会把它认为是几个参数，因而会出现 too many parameters 的错误。

③如果汇编程序存储的路径或文件名中包含了空格或一些其他有可能使用命令行出现错误的字符，编译时也会出现错误。提示可能是"@@@@ file not found：F：\1. a51@@@@ 和 F：\1 2\a. lst not found"。

④ASEM51 不支持 MYM 符号，而且在程序输入时要用英文而不能用中文方式输入。

⑤文件名不能太长。

2．程序编译

选择"Source"→"Build ALL"命令，弹出编译结果的对话框。如果有错误，对话框中会告诉我们是哪一行出现了问题。值得注意的是，Proteus 软件自带的编译器对程序设计的格式要求较高，空格和字符需要符合规定，否则就不能通过编译，读者会经常发现在 Wave 中能编译的文件，在 Proteus 中却不能通过编译，这是由于读者设计的程序格式或使用的字符不当造成的。

3．程序加载

在原理图编辑窗中，选中单片机 8051 并右击，在出现的对话框中选择"Edit Properties"命令，在"Program File"一栏中选择 LCDDEMO. hex 文档。

4．系统仿真

程序加载完后就可以直接单击运行按钮，进入电路的交互式仿真。交互式仿真结果如图2.12 所示。

5．系统调试

单击"单步"按钮，进入单步调试状态，选择"Debug"命令，弹出如图2.13 所示的对话框。在"Debug"的下拉列表中，选择 Simulation Log 会出现与模拟调试有关的信息；选择 8051 CPU SFR Memory 会出现特殊功能寄存器（SFR）窗口；选择 8051 CPU Internal（IDATA）Memory 会出现数据寄存器窗口。此外，还有 Watch Window 窗口，可以将某个信号加载到该窗口，对其变化进行跟踪。例如，在 Watch Window 窗口右击，在出现的菜单中单击 Add Item（By name），然后选择 P1，这样 P1 就加入到 Watch Window 窗口。用户可以发现无论在单步调试状态还是在全速调试状态，Watch Window 窗口的内容 P1 都会不断变化。这一点是很有用的,常用它跟踪某个信号的变化。

为了调试程序,可以在单步调试时设置断点。其设置方法是单击程序中的语句,设置断点,再次单击则取消断点。

对于单片机应用系统,Proteus 支持第三方 IDE,如 IAR's Embedded Workbench,Keil,Microchip's MP-LAB 和 Atmel's AVR studio 等,并和同源代码联合调试。

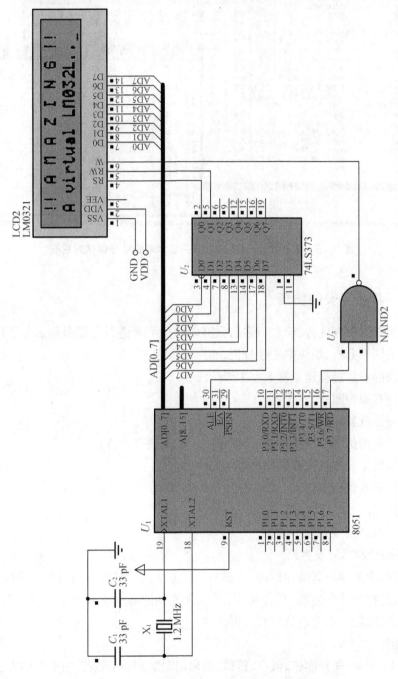

图 2.12 基于单片机的 LCD 液晶显示电路仿真

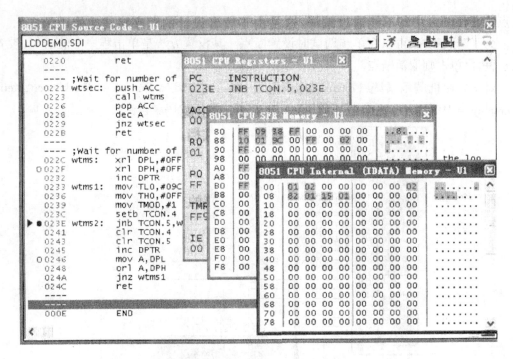

图 2.13　基于单片机的 LCD 液晶显示电路单步调试对话框

2.5.2　基于图表的仿真

交互式仿真有很多优势,但在很多场合需要捕捉图表进行仔细分析。基于图表的仿真可以做很多的图形分析,如频率特性分析、噪声分析等。

基于图表的仿真过程建立有 5 个主要阶段:

①绘制仿真原理图;

②在监测点放置探针;

③放置需要的仿真分析图表,如用频率图表显示频率分析;

④将信号发生器或检测探针添加到图表中;

⑤设置仿真参数(如运行时间),进行仿真。

1. 绘制电路

在 ISIS 中输入需要仿真的电路。

2. 放置探针和信号发生器

探针、信号发生器和其他元器件、终端的放置方法是一样的。如图 2.14 所示,选择合适的对象按钮,选择信号发生器、探针类型,将其放置到原理图中需要的位置,可以直接放置到已经存在的连线上,也可以放置好后再连线。

3. 放置图表

如图 2.15 所示,选择模拟、数字、转移、频率、扫描分析等图表,用拖曳的方法放置到原理图中合适的位置,再将探针或信号拖到对应的仿真图表中。

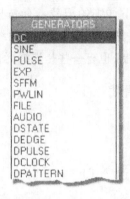

图 2.14　选择探针和信号发生器　　　　　图 2.15　选择仿真网表

4. 在图表中添加轨迹

在原理图中放置多个图表后,必须指定每个图表对应的探针或信号发生器。每个图表也可以显示多条轨迹,这些轨迹数据来源一般是单个的信号发生器或者探针。在 ISIS 中也可用一条轨迹显示多个探针,这些探针通过数学表达式的方式合成。例如,一个监测点既有电压探针也有电流探针,这个检测点对应的轨迹就是功率曲线,如图 2.16 所示。

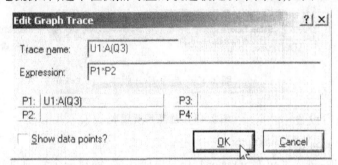

图 2.16　电流、电压生成功率曲线

曲线显示对象的添加有两种方式:

①在原理图中选中探针或激励源并拖入图表中;

②在"Edit Graph Trace"对话框中选中探针,需要多个探针时添加运算表达式。

5. 仿真过程

基于图表的仿真是命令驱动的,这意味着整个过程是通过信号发生器、探针及图表构成的系统,设定测量的参数,得到图形,验证结果。其中,任何仿真参数都是通过 Graph 存在的属性定义的,也可以自己手动添加其他属性。在仿真开始时,系统应完成如下工作。

①产生网络表:网络表提供一个元件列表、引脚之间连接的清单及元件所使用的仿真模型。

②分区仿真:ISIS 对网络表进行分析,将其中的探针分成不同的类,当仿真进行时,结果也保存在不同的分立文件中。

③结果处理:ISIS 通过这些分立文件在图表中产生不同的曲线,将图表最大化进行测量分析。

如果在以上任何一步发生错误,仿真日志会留下详细的记载。有一些错误是致命的,有一些是警告。致命的错误报告会直接弹出仿真日志窗口,不会产生曲线;警告不会影响仿真曲线的产生。大多数错误的产生源于电路图绘制,也有一些是选择元件模型错误。

2.5.3　Proteus 软件与第三方软件联合调试

Proteus 软件具有与 Keil 软件联合调试的功能。

1. 安装 vdmagdi 插件

要实现联调,首先要将 vdmagdi 插件安装到 Keil 目录下。

①运行 vdmagdi.exe。

②选择对应的 Keil 版本(如果使用的 Keil 为 μVision3 及以上版本,则选择 AGDI Drivers for μVision3),如图 2.17 所示。

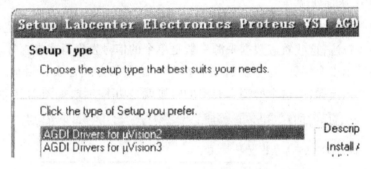

图 2.17　选择 Keil 版本

2. 对 Keil 进行设置

(1)选择 Proteus VSM Simulator

设置 Keil 选项:进入 Keil C μVision4 开发集成环境,创建一个新项目(Project),该项目选定合适的单片机 CPU 器件(如 Atmel 公司的 AT89C51)并为该项目加入源程序,如图 2.18 所示。

单击"Project"→"Options for Target"命令或者单击工具栏的"Option for Target"按钮,弹出如图 2.19 所示对话框,选择"Debug"选项卡。在图 2.19 中的"Use"下拉列表中选择"Proteus VSM Monitor-51 Driver",并且选中"Use"前面的小圆点。

单击"Settings"按钮,设置通信接口,如图 2.20 所示,在"Host"栏中输入"127.0.0.1",如果使用的不是同一台计算机,则需要在此输入另一台计算机的 IP 地址(另一台计算机也应安装有 Proteus)。在"Port"栏中输入"8000",单击"OK"按钮即可。最后编译工程,进入调试状态并运行。

进入 Proteus 的 ISIS,单击"Debug"→"Use Romote Debug Monitor"命令,如图 2.21 所示。至此,便可实现 Keil C 与 Proteus 连接调试。

(2)协同仿真

运行 Keil,Proteus 同时进入仿真状态,如图 2.22 所示。

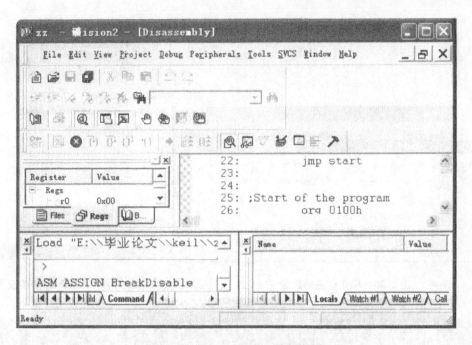

图 2.18　Keil C μVision4 开发环境

图 2.19　Keil C 设置

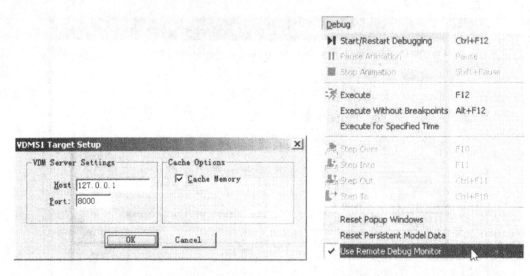

图 2.20　Keil C 通信设置　　　　　　　　　图 2.21　Proteus Debug 通信设置

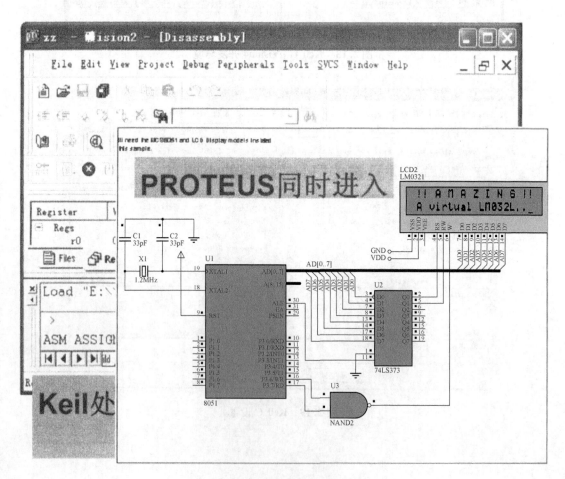

图 2.22　Proteus 与 Keil 协同仿真

第 3 章　单片机 I/O 电路实训项目

3.1　单片机并行 I/O 口

3.1.1　单片机并行 I/O 口结构

图 3.1 为 80C51 单片机的引脚结构图。

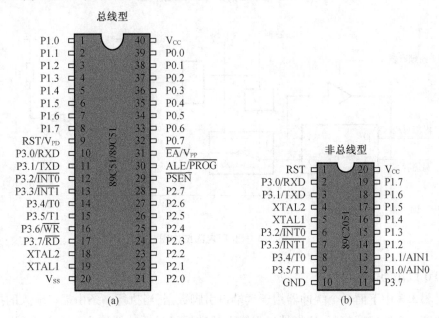

图 3.1　80C51 单片机引脚结构图

(a)89C51 的引脚封装；(b)89C2051 的引脚封装

1. P0 口

图 3.2 为 P0 口的某位 P0.n(n = 0 ~ 7)结构图,它由一个输出锁存器、一个转换开关 MUX、两个三态输入缓冲器和输出驱动电路及控制电路组成。从图中可以看出,P0 口既可以作为 I/O 用,也可以作为地址/数据线用。

P0 口必须接上拉电阻,如图 3.3 所示。在读信号之前数据之前,先要向相应的锁存器做写 1 操作的 I/O 口称为准双向口。

(1)P0 口作为输出口

CPU 发出控制电平"0"封锁"与"门,将输出上拉场效应管 T1 截止,同时使多路开关 MUX 把锁存器与输出驱动场效应管 T2 栅极接通,故内部总线与 P0 口同通。由于输出驱动级是漏极开路电路,若驱动 NMOS 或其他拉电流负载时,需要外接上拉电阻。P0 的输出级可驱动 8 个 LSTTL 负载。

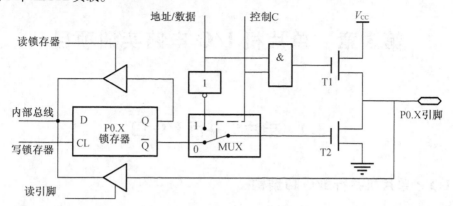

图 3.2　P0 口的某位 P0. n 结构图

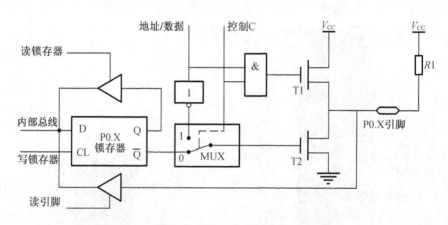

图 3.3　P0 口内部结构图

（2）P0 口作为输入口

此时图 3.3 中下面一个缓冲器用于读端口引脚数据,当执行一条由端口输入的指令时,读脉冲把该三态缓冲器打开,这样端口引脚上的数据经过缓冲器读入到内部总线。如果该端口的负载恰是一个晶体管基极,且原端口输出值为 1,那么导通了的 PN 结会把端口引脚高电平拉低;若此时直接读端口引脚信号,将会把原输出的"1"电平误读为"0"电平。现采用读输出锁存器代替读引脚,上面的三态缓冲器就为读锁存器 Q 端信号而设,读输出锁存器可避免上述可能发生的错误。

2. P1 口

P1 口是 80C51 的唯一的单功能口,仅能用作数据输入输出口,它是由一个输出锁存器、两个三态输入缓冲器和输出驱动电路组成的准双向口,内部设有上拉电阻(约 30 kΩ),如图 3.4 所示。

P1 端口与 P0 端口作为"普通 I/O 端口"使用时的原理相似,它相当于 P0 端口省去了"与门""非门""MUX",且上拉场效应管由内部上拉电阻代替,P1 端口不再需要外接上拉电阻。与 P0 用作普通 I/O 的操作一样,作为输入端口使用时,除了初始时不需要向接口写"1"截止驱动场效应管以外,如果以后曾向接口输出过"0",则每当由"写"操作改为"读"操作时,都需要先向接口写"1"截止场效应管,然后才能正常读取输入的数据。

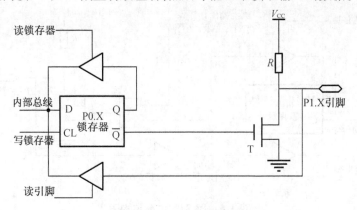

图 3.4　P1 口的内部结构图

3. P2 口

P2 口的内部结构如图 3.5 所示。P2 端口具有两个功能:一个是"普通 I/O 端口"方式,另一个是"地址/数据总线"方式下的高 8 位地址线。这里仅对"普通 I/O 端口"方式进行说明。

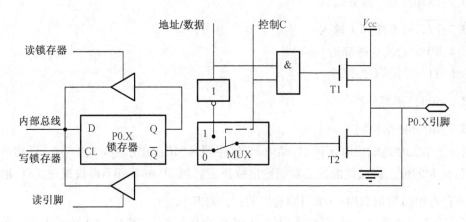

图 3.5　P2 口的内部结构图

CPU 通过写控制信号"0"将 MUX 切换到下端,使之工作于"普通 I/O 端口"方式。作为普通 I/O 端口使用时,P2 锁存器 Q 端输出通过"非门"驱动场效应管,相当于 P1 端口中的通过 $\overline{Q}$ 直接驱动场效应管,在"普通 I/O 端口"方式下,P2 与 P1 同为准双向 I/O 端口。

4. P3 口

P3 端口为具有双重功能的 I/O 端口,与 P1 相比,它增加了第二 I/O 功能,如图 3.6 所示。

作为"普通 I/O 端口"使用时,CPU 将第二输出功能控制线保持为"1",锁存器 Q 端通过"与非门"驱动场效应管,相当于 P1 端口中的通过 $\overline{Q}$ 直接驱动场效应管,或相当于 P2 端口中通过 Q 端经"非门"驱动场效应管。在这种方式下,其读/写操作与 P1,P2 相同。

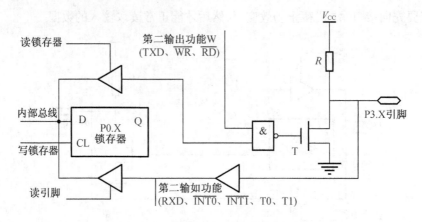

图 3.6　P3 口的内部结构图

下面接着讨论 P3 端口处于第二功能时的相关操作。

P3 第二功能各引脚功能定义如下。

P3.0:RXD 串行口输入

P3.1:TXD 串行口输出

P3.2:INT0外部中断 0 输入

P3.3:INT1外部中断 1 输入

P3.4:T0 定时器 0 外部输入

P3.5:T1 定时器 1 外部输入

P3.6:WR外部写控制

P3.7:RD外部读控制

当处于第二功能输出时,CPU 自动向 P3 锁存器写"1"。由于 Q = 1,"与非门"相当一个"非门",此时的输出将仅仅由第二功能输出线决定。例如,由 UART 模块通过 TXD 输出的 SBUF 寄存器串行数据及RD,WR引脚输出的读/写控制信号。

当处于第二功能输入时,CPU 除自动向 P3 锁存器写"1",置 Q = 1 以外,还将向第二功能输出线写"1",以保证 Q 和第二功能输出线经过"与非门"后输出 0,使得场效应管被截止,此时所读取的 P3 端口引脚信号将通过最右侧缓冲器直接进入第二功能输入端。例如,从 RXD,INT0,INT1,T0,T1 引脚读取的信号将通过第二功能输入端分别进入单片机内部的串行模块、外部中断模块、定时/计数器模块进行处理。

3.1.2　单片机并行 I/O 口的负载能力

对于典型的器件 AT89S51,每根口线最大可吸收 10 mA 的(灌)电流,但 P0 口所有引脚的吸收电流的总和不能超过 26 mA,而 P1,P2 和 P3 每个口吸收电流的总和限制在 15 mA,全部 4 个并行口所有口线的吸收电流总和限制在 71 mA。

3.2　LED 流水灯实训项目

3.2.1　实训目的

①了解并掌握单片机 P0,P1,P2,P3 端口的内部结构特点。

②掌握 Keil μVision4 与 Proteus 编辑、编译、仿真的方法。

③掌握流水灯程序设计原理。

3.2.2　实训原理

1. LED 灯

发光二极管(Light-Emitting Diode,LED)是一种能将电能转化为光能的半导体电子元件,如图 3.7 所示。这种电子元件早在 1962 年就已出现,早期只能发出低光度的红光,之后发展出其他单色光的版本,时至今日能发出的光已遍及可见光、红外线及紫外线,光度也提高到相当的光度,而用途也由初时作为指示灯、显示板等,随着技术的不断进步,已被广泛地应用于显示器、电视机采光装饰和照明。

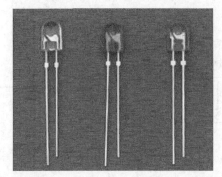

图 3.7　各类 LED

2. 实训内容

(1)单个闪烁的 LED

单片机 P2.0 引脚接 LED,程序按设定的时间间隔取反 P2.0,使 LED 按固定时间间隔持续闪烁。电路如图 3.8 所示,注意设置限流电阻 R_2 的值。

(2)双向往复的 LED

单片机 P2 端口按共阴方式连接 8 只 LED,程序运行时 LED 上下双向循环滚动点亮,产生走马灯效果,电路如图 3.9 所示。

(3)花样流水灯

单片机 P0 和 P2 端口采取共阴方式分别连接 8 只 LED,程序中预设数组值,实现按预定花样的变换显示,电路如图 3.10 所示。

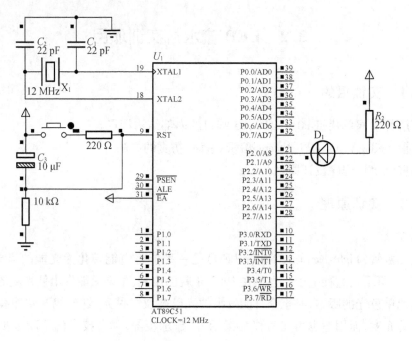

图 3.8　单个闪烁的 LED 电路图

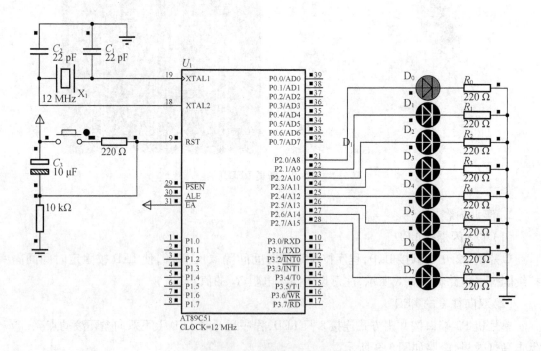

图 3.9　双向往复的 LED 电路图

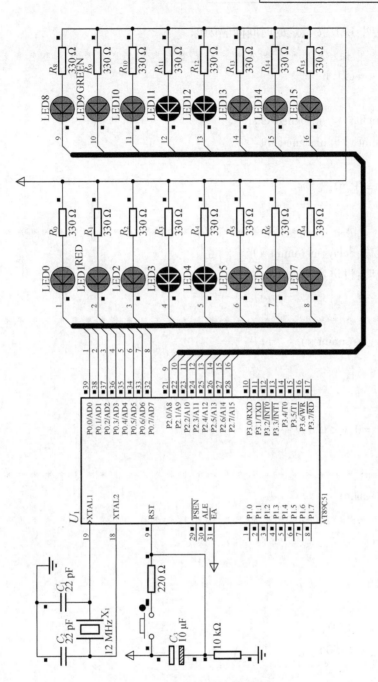

图 3.10 花样流水灯电路图

3.2.3 程序设计与仿真结果

1. 单个闪烁的 LED

(1)源程序

/**/

//项目名称:单个闪烁的 LED

```
//项目说明:LED 按设定的时间间隔闪烁
/* * * * * * * * * * * * * * * * * * * * * * * * * * * * * * * * * */
#include  < reg51. h >


#define unchar      unsigned char
#define unint       unsigned int


sbit LED  =  P2^0;


/* * * * * * * * * * * * * * * * * * * * * * * * * * * * * * * * * */
//函数名称:delay_ms( unint x )
//函数说明:设定延时时间
//返回值:空
/* * * * * * * * * * * * * * * * * * * * * * * * * * * * * * * * * */
void delay_ms( unint x )
{
  unint y;
  while( x -- )
    for( y = 0;y < 120;y ++ );
}
/* * * * * * * * * * * * * * * * * * * * * * * * * * * * * * * * * */
//主函数:main( )
/* * * * * * * * * * * * * * * * * * * * * * * * * * * * * * * * * */
void main( )
{
  while(1)
  {
    LED =  ~ LED;
    delay_ms(150);
  }
}
```

(2)程序运行结果

仿真运行本例过程时,可能观察到的引脚状态颜色可能有以下四种。

红色:表示高电平(1)。

蓝色:表示低电平(0)。

灰色:表示高阻状态。

黄色:表示出现逻辑冲突。

图3.11 所示电路运行时,将观察到 P2.0 引脚出现"红色 - 蓝色"交替,LED 持续闪烁

显示。

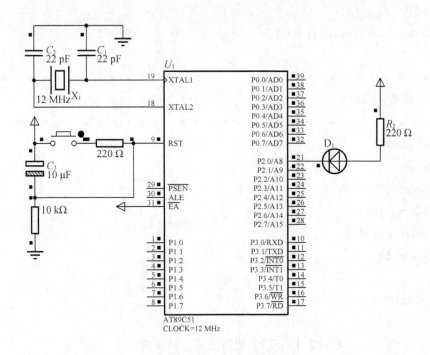

图 3.11 单个闪烁的 LED 程序运行结果

2. 双向往复的 LED

(1)源程序

/*********************************/

//项目名称:双向往复的 LED

//项目说明:程序利用循环移位函数_crol_和_cror 形成 LED 往复显示效果

/*********************************/

```c
#include <reg51.h>
#include <intrins.h>


#define unchar    unsigned char
#define unint     unsigned int


/*********************************/
//函数名称:delay_ms(unint x)
//函数说明:设定延时时间
//返回值:空
/*********************************/
void delay_ms(unint x)
{
```

```
    unint y;
    while(x --)
      for(y = 0;y < 120;y ++);
  }
/* * * * * * * * * * * * * * * * * * * * * * * * * * * * * * * * * * */
//主函数:main()
/* * * * * * * * * * * * * * * * * * * * * * * * * * * * * * * * * * */
void main()
{
    unint i;
    P2 = 0x01;
    delay_ms(150);
    while(1)
    {
      for(i = 0;i < 7;i ++)
      {
        P2 = _crol_(P2,1);//P2 端口循环左移 1 位
        delay_ms(60);
      }
      for(i = 0;i < 7;i ++)
      {
        P2 = _cror_(P2,1);//P2 端口循环右移 1 位
        delay_ms(200);
      }
    }
}
```

(2)程序运行结果

双向往复的 LED 程序运行结果如图 3.12 所示。

3. 花样流水灯

为实现变化的花样,可将相应的变换数据预设在数组中,每一数组元素对应一种显示组合,程序循环读取数组中的显示组合并送往端口,即可实现自定义花样的显示。送给 P0 与 P2 端口显示的花样字节可分别定义为两组字节数组(unchar 类型),也可合并定义为一个字数组(unint 类型),源程序中按第二种方式给出了花样数组定义。由于花样数组所占内存空间较大,且预设后相对固定,因此应将存储类型设为 code,使其保存于 Flash 空间,而不会占用 RAM 空间。

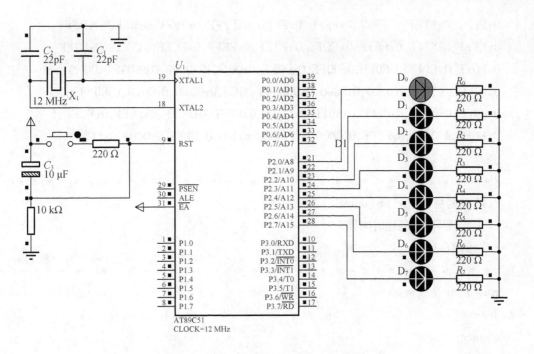

图 3.12　双向往复的 LED 程序运行结果

(1)源程序

```
/* * * * * * * * * * * * * * * * * * * * * * * * * * * * * * * * * * */
//项目名称:花样流水灯
//项目说明:16 只 LED 分两组按预设的多种花样变换显示
/* * * * * * * * * * * * * * * * * * * * * * * * * * * * * * * * * * */
#include <reg51.h>

#define unchar unsigned char
#define unint   unsigned int

code unint Pattern[] =
{
0xFCFF,0xF9FF,0xF3FF,0xE7FF,0xCFFF,0x9FFF,0x3FFF,0x7FFE,0xFFFC,
0xFFF9,0xFFF3,0xFFE7,0xFFCF,0xFF9F,0xFF3F,0xFFFF,0xE7E7,0xDBDB,
0xBDBD,0x7E7E,0xBDBD,0xDBDB,0xE7E7,0xFFFF,0xE7E7,0xC3C3,0x8181,
0x0000,0x8181,0xC3C3,0xE7E7,0xFFFF,0xAAAA,0x5555,0x1818,0xFFFF,
0xF0F0,0x0F0F,0x0000,0xFFFF,0xF8F8,0xF1Fl,0xE3E3,0xC7C7,0x8F8F,
0x1F1F,0x3F3F,0x7F7F,0x7F7F,0x3F3F,0x1F1F,0x8F8F,0xC7C7,0xE3E3,
0xF1F1,0xF8F8,0xFFFF,0x0000,0x0000,0xFFFF,0xFFFF,0x0F0F,0xF0F0,
0xFEFF,0xFDFF,0xFBFF,0xF7FF,0xEFFF,0xDFFF,0xBFFF,0x7FFF,0xFFFE,
0xFFFD,0xFFFB,0xFFF7,0xFFEF,0xFFDF,0xFFBF,0xFF7F,0xFF7F,0xFFBF,
```

0xFFDF,0xFFEF,0xFFF7,0xFFFB,0xFFFD,0xFFFE,0x7FFF,0xBFFF,0xDFFF,
0xEFFF,0xF7FF,0xFBFF,0xFDFF,0xFEFF,0xFEFF,0xFCFF,0xF8FF,0xF0FF,
0xE0FF,0xC0FF,0x80FF,0x00FF,0x00FE,0x00FC,0x00F8,0x00F0,0x00E0,
0x00C0,0x0080,0x0000,0x0000,0x0080,0x00C0,0x00E0,0x00F0,0x00F8,
0x00FC,0x00FE,0x00FF,0x80FF,0xC0FF,0xE0FF,0xF0FF,0xF8FF,0xFCFF,
0xFEFF,0x0000,0xFFFF,0x0000,0xFFFF,0x0000,0xFFFF,0x0000,0xFFFF
};
/ * /
//函数名称:delay_ms(unint x)
//函数说明:设定延时时间
//返回值:空
/ * /
void delay_ms(unint x)
{
unint y;
while(x --)
  for(y = 0;y < 120;y ++);
}
/ * /
//主函数:main()
/ * /
void main()
{
unchar i;
while(1)
{
  for(i = 0; i < 136; i ++)
  {
    P0 = Pattern[i] > > 8;//发送花样数据的高8位
    P2 = Pattern[i];//发送花样数据的低8位
    delay_ms(50);
  }
}
}

(2)程序运行结果

花样流水灯程序运行结果如图3.13所示。

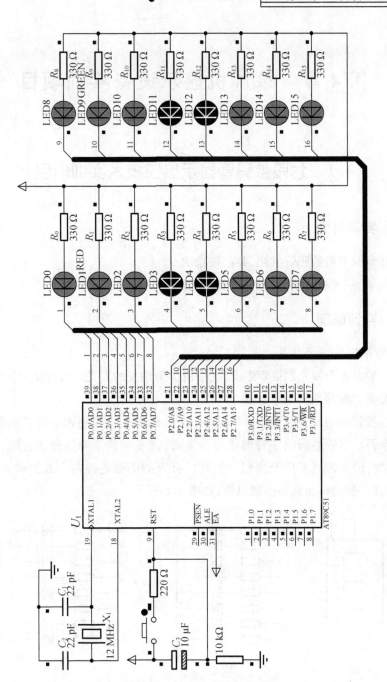

图 3.13　花样流水灯程序运行结果

第4章 单片机显示设备实训项目

4.1 七段数码管显示接口技术实训项目

4.1.1 实训目的

①了解并掌握七段数码管共阴、共阳极接法。
②了解并掌握七段数码管静态与动态驱动的程序设计。

4.1.2 实训原理

1. 数码管结构与显示原理

数码管一般由8个发光二极管组成,其中由7个细长的发光二极管组成数字显示,另外一个圆形的发光二极管显示为小数点。

当发光二极管导通时,相应的一个点或一个笔画发光。控制相应的二极管导通,就能显示出各种字符。尽管显示的字符形状有些失真,能显示的字符数量也有限,但其控制简单,使用也方便,因此得到了广泛应用。发光二极管的阳极连接在一起的称为共阳极数码管,阴极连接在一起的称为共阴极数码管,如图4.1所示。

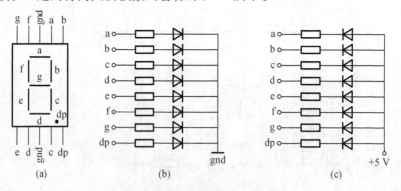

图4.1 数码管结构示意图

发光二极管(LED)是一种由磷化镓等半导体材料制成的,能直接将电能转换成光能的发光显示器件。当其内部有一定电流通过时就会发光。

七段数码管每段的驱动电流和其他单个LED发光二极管一样,一般为5~10 mA;正向电压随发光材料不同表现为1.8~2.5 V不等。

七段数码管的显示方法可分为静态显示与动态显示,下面分别介绍。

（1）静态显示

所谓静态显示，就是当显示某一字符时，相应段的发光二极管恒定导通或截止。这种显示方法要求每一位数码管都需要有一个 8 位输出口控制。对于 51 单片机，可以在并行口上扩展多片锁存 74LS573 作为静态显示器接口。

静态显示的优点是显示稳定，在发光二极管导通电流一定的情况下数码管的亮度高，控制系统在运行过程中，仅仅在需要更新显示内容时，CPU 才执行一次显示更新子程序，这样大大节省了 CPU 的时间，提高了 CPU 的工作效率；缺点是位数较多时，所需 I/O 口太多，硬件开销太大。

（2）动态显示

所谓动态显示就是一位一位地轮流点亮各位数码管（扫描），对于数码管的每一位而言，每隔一段时间点亮一次。虽然在同一时刻只有一位数码管在工作（点亮），但利用人眼的视觉暂留效应和发光二极管熄灭时的余辉效应，看到的却是多个字符"同时"显示。数码管亮度既与点亮时的导通电流有关，也与点亮时间和间隔时间的比例有关。调整电流和时间参数可实现亮度较高、较稳定的显示。若数码管的位数不大于 8 位，则控制数码管公共极电位只需一个 8 位 I/O（称为扫描口或字位口），控制各位 LED 数码管所显示的字形也需一个 8 位口（称为数据口或字形口）。

动态显示的优点是节省硬件资源，成本较低，但在控制系统运行过程中，要保证数码管正常显示，CPU 必须每隔一段时间执行一次显示子程序，这占用了 CPU 的大量时间，降低了 CPU 工作效率，同时显示亮度较静态显示低。

2. 锁存器

74HC573 为三态输出的八 D 透明锁存器，如图 4.2 所示，其内部结构如图 4.3 所示。当三态允许控制端 OE 为低电平时，Q0 ~ Q7 为正常工作状态，可用来驱动负载或总线。当 OE 为高电平时，Q0 ~ Q7 呈高阻态。

当锁存允许端 LE 为高电平时，输出数据 Q 随输入数据 D 变化而变化。当 LE 为低电平时，输出数据 Q 被锁存状态。74HC573 的真值表见表 4.1。

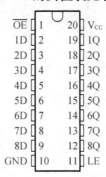

图 4.2　74HC573 引脚图

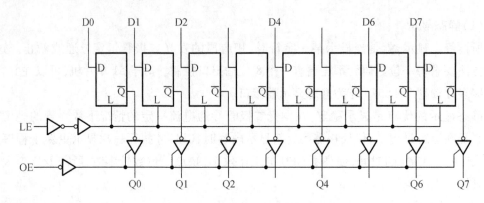

图4.3　74HC573内部结构图

表4.1　74HC573真值表

INPUTS			OUTPUT Q
$\overline{OE}$	LE	D	
L	H	H	H
L	H	L	L
L	L	X	Q_0
H	X	X	Z

3. 实训内容

(1) 数码管静态显示

采取查询的方式计数独立按键按下次数，用1位数码管显示次数，电路如图4.4所示。

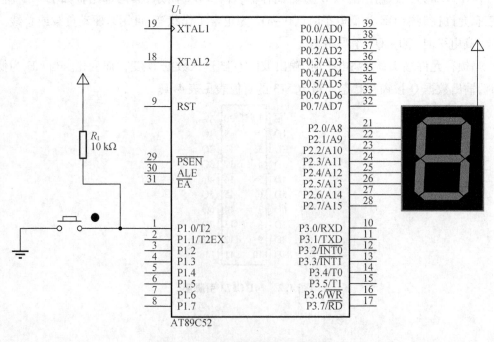

图4.4　数码管静态显示仿真结果

(2)数码管动态显示

利用单片机控制两个 4 位数码管动态显示数字,锁存芯片用 74HC573,电路如图 4.5 所示。

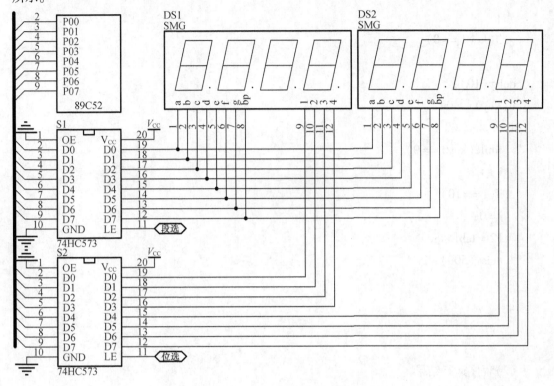

图 4.5　数码管动态扫描电路图

4.1.3　程序设计与仿真结果

1. 数码管静态显示

(1)源程序

```
#include < reg52. h >
#define uint unsigned int
#define uchar unsigned char
sbit key0 = P1^0;
uchar code tab[ ] = {0xC0,0xF9,0xA4,0xB0,0x99,0x92,0x82,0xF8,0x80,0x90};
void delay(uint z)
{
    uint x,y;
    for( x = 0;x < z;x ++ )
        for( y = 0;y < 120;y ++ );
}
void main( )
```

```
{ uint i;
P2 = tab[0];
    while(1)
    {
    if(key0 == 0)
    {
delay(10);
if(key0 == 0)
{
    while(key0 == 0);
    i ++;
    if(i == 10)
    i = 0;
    P2 = tab[i];
    delay(500);
}
}
}
}
```

(2)程序运行结果

数码管静态显示仿真结果如图4.4所示。

2. 数码管动态显示

(1)源程序

```
#include < reg52. h >
#define uint unsigned int
#define uchar unsigned char
sbit duan = P2^0;
sbit wei = P2^1;
uint i;
uchar s,m,h;
uchar sge,sshi,mge,mshi,hge,hshi;
uchar code tab[] = {0x3F,0x06,0x5B,0x4F,0x66,0x6D,0x7D,0x07,0x7F,0x6F};
void delay(uint z)
{
    uint x,y;
    for(x = 0;x < z;x ++)
        for(y = 0;y < 120;y ++);
}
```

```c
void display( )
{
    sge = s%10;
    sshi = s/10;
    mge = m%10;
    mshi = m/10;
    hge = h%10;
    hshi = h/10;
    duan = 1;
    P0 = tab[sge];
    duan = 0;
    P0 = 0xff;
    wei = 1;
    P0 = 0x7f;
    wei = 0;
    delay(1);

    duan = 1;
    P0 = tab[sshi];
    duan = 0;
    P0 = 0xff;
    wei = 1;
    P0 = 0xbf;
    wei = 0;
    delay(1);

    duan = 1;
    P0 = 0x40;
    duan = 0;
    P0 = 0xff;
    wei = 1;
    P0 = 0xdf;
    wei = 0;
    delay(1);

    duan = 1;
    P0 = tab[mge];
    duan = 0;
```

```
P0 = 0xff;
wei = 1;
P0 = 0xef;
wei = 0;
delay(1);

duan = 1;
P0 = tab[mshi];
duan = 0;
P0 = 0xff;
wei = 1;
P0 = 0xf7;
wei = 0;
delay(1);

duan = 1;
P0 = 0x40;
duan = 0;
P0 = 0xff;
wei = 1;
P0 = 0xfb;
wei = 0;
delay(1);

duan = 1;
P0 = tab[hge];
duan = 0;
P0 = 0xff;
wei = 1;
P0 = 0xfd;
wei = 0;
delay(1);

duan = 1;
P0 = tab[hshi];
duan = 0;
P0 = 0xff;
wei = 1;
```

```
        P0 = 0xfe;
        wei = 0;
        delay(1);
    }
void main()
{
        TMOD = 0x01;
        TH0 = (65536 − 50000)/256;
        TL0 = (65536 − 50000)%256;
        EA = 1;
        ET0 = 1;
        TR0 = 1;
        while(1)
        {

        if(i == 20)
        {
        i = 0;
        s++;
        if(s == 60)
        {
            s = 0;
            m++;
            if(m == 60)
            {
            m = 0;
            h++;
            if(h == 24)
            h = 0;
            }
        }
    }
display();
    }
    }
void time0() interrupt 1
{
TH0 = (65536 − 50000)/256;
```

$$TL0 = (65536 - 50000) \% 256;$$

$$i++;$$

}

（2）程序运行结果

数码管动态显示仿真结果如图4.6所示。

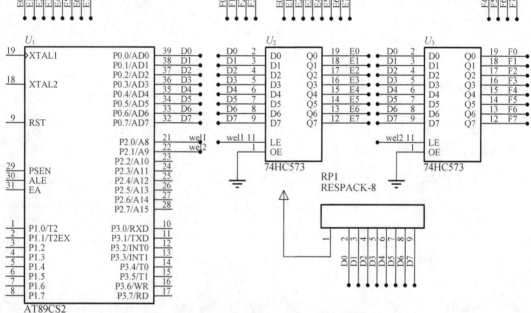

图 4.6　数码管动态显示仿真结果

4.2　1602LCD 字符显示接口技术实训项目

4.2.1　实训目的

①了解 1602LCD 字符显示设备的功能及引脚功能。

②掌握各控制引脚的信号形式。

③掌握模拟时序方式驱动 1602LCD 字符显示设备的程序设计方法。

4.2.2　实训原理

液晶显示器 LCD 以其微功耗、小体积、使用灵活等诸多优点在仪表和低功耗应用系统中得到越来越广泛的应用。液晶显示器分点阵型和字符型两类。点阵型液晶可显示图形和文字,字符型液晶只能显示字符。

1.1602LCD 液晶显示模块

（1）引脚分布

1602LCD 液晶显示器共有 16 个引脚,其引脚分布如图 4.7 所示。

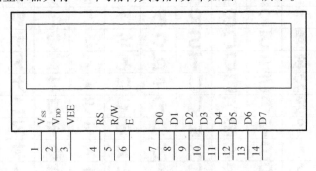

图 4.7　1602LCD 液晶显示模块引脚分布

（2）引脚功能

1602LCD 引脚功能如表 4.2 所示。

表 4.2　1602 引脚功能

编号	符号	引脚说明	编号	符号	引脚说明
1	V_{SS}	地电源	9	D2	Data I/O
2	V_{DD}	接 5 V 正电源	10	D3	Data I/O
3	V_{EE}	液晶显示偏压信号	11	D4	Data I/O
4	RS	0 输入指令,1 输入数据	12	D5	Data I/O
5	R/W	0 写入指令或数据,1 读信息	13	D6	Data I/O
6	E	1 读取信息,1→0 写指令或数据	14	D7	Data I/O
7	D0	Data I/O	15	BLA	背光源正极
8	D1	Data I/O	16	BLK	背光源负极

2.存储器

字符型液晶显示模块主要由指令寄存器、数据寄存器、AC 地址计数器、DDRAM 显示数据存储器、CGRAM 字符产生器、CGROM 字符产生器及控制电路等组成。

（1）CGROM 字符产生器

在 CGROM 字符产生器的 ROM 中存放已经同化好的如表 4.3 所示的字符库。通过软件写入某个字符的字符代码,控制器即将它作为字符库的地址,并把该字符输出到驱动器碌示。如英文字母"A"的代码41H写入DDRAM时，CGROM会自动把相应的字符"A"送至LCD示器显示。

表4.3　CGROM和CGRAM中字符代码与字符图形的对应关系

低位\高位	0000	0010	0011	0100	0101	0110	0111	1010	1011	1100	1101	1110	1111
××××0000 (1)			0	@	P	`	p		ー	タ	ミ	α	p
××××0001 (2)		!	1	A	Q	a	q	。	ア	チ	ム	ä	q
××××0010 (3)		"	2	B	R	b	r	「	イ	ツ	メ	β	θ
××××0011 (4)		#	3	C	S	c	s	」	ウ	テ	モ	ε	∞
××××0100 (5)		$	4	D	T	d	t	、	エ	ト	ヤ	μ	Ω
××××0101 (6)		%	5	E	U	e	u	・	オ	ナ	ユ	σ	ü
××××0110 (7)		&	6	F	V	f	v	ヲ	カ	ニ	ヨ	ρ	Σ
××××0111 (8)		'	7	G	W	g	w	ァ	キ	ヌ	ラ	g	π
××××1000 (1)		(	8	H	X	h	x	ィ	ク	ネ	リ	√	x̄
××××1001 (2)		)	9	I	Y	i	y	ゥ	ケ	ノ	ル	⁻¹	y
××××1010 (3)		*	:	J	Z	j	z	ェ	コ	ハ	レ	j	千
××××1011 (4)		+	;	K	[	k	{	ォ	サ	ヒ	ロ	ˣ	万
××××1100 (5)		,	<	L	¥	l	|	ャ	シ	フ	ワ	¢	円
××××1101 (6)		−	=	M	]	m	}	ュ	ス	ヘ	ン	£	÷
××××1110 (7)		.	>	N	^	n	→	ョ	セ	ホ	゛	ñ	
××××1111 (8)		/	?	O	_	o	←	ッ	ソ	マ	゜	ö	█

（2）DDRAM显示数据存储器

DDRAM显示数据存储器用于存放LCD当前要显示的数据，其容量为80×8位。这80个字符的地址由地址计数器AC提供，DDRAM各单元对应显示屏上的各字符位。用户只要将对应单元写入要显示的代码，液晶屏在内部的扫描作用下，就会将内容显示在屏上，如表4.4所示。

表4.4　DDRAM显示数据存储器数据表

00	01	02	03	04	05	06	07	08	09	0A	0B	0C	0D	0E	0F
40	41	42	43	44	45	46	47	48	49	4A	4B	4C	4D	4E	4F

若将"A"显示在第二行的第3个字节，则只要将字符"A"的代码41H写入到地址为42单元的RAM中即可。值得注意的是，存储地址要在实际地址基础上加80H。

（3）状态寄存器

状态寄存器用来反映液晶模块的工作状态，状态寄存器格式如表4.5所示。

表 4.5 状态寄存器格式表

STA7	STA6	STA5	STA4	STA3	STA2	STA1	STA0
D7	D6	D5	D4	D3	D2	D1	D0

其中,STA0～6 是数据地址指针。STA7 是读/写操作使能:D7 = 1,禁止操作;D7 = 0,允许操作。

3. 控制指令说明

1602LCD 共有 11 条指令,指令功能如表 4.6 所示。

表 4.6 1602LCD 指令功能表

编号	指令	RS	R/W	D7	D6	D5	D4	D3	D2	D1	D0
1	清屏指令	0	0	0	0	0	0	0	0	0	1
2	光标归位指令	0	0	0	0	0	0	0	0	1	×
3	输入方式指令	0	0	0	0	0	0	0	1	1/D	S
4	显示状态控制指令	0	0	0	0	0	0	1	D	C	B
5	光标/画面移位指令	0	0	0	0	0	1	S/C	R/L	×	×
6	工作方式设置指令	0	0	0	0	1	DL	N	F	×	×
7	CGRAM 地址设置指令	0	0	0	1	字符发生存储器地址(0～63)					
8	DDRAM 地址设置指令	0	0	1	显示数据存储器地址						
9	读取忙标志/地址计数器 AC 指令	0	1	BF	计数器地址(AC)						
10	写数据指令	1	0	要写的数据							
11	读数据指令	1	1	读出的数据							

下面分别说明各指令的格式和功能。

(1)清屏指令

① 清屏指令格式

清屏指令格式如表 4.7 所示。

表 4.7 清屏指令格式

指令	指令编码									执行时间/ms
	RS	R/W	DB7	DB6	DB5	DB4	DB3	DB2	DB1	DB0	
清屏	0	0	0	0	0	0	0	0	0	1	1.64

② 清屏指令功能

a. 清除液晶显示器,即将 DDRAM 的内容全部填入"空白"的 ASCII 码 20H;

b. 光标归位,即将光标撤回液晶显示屏的左上方;

c. 将地址计数器(AC)的值设为 0。

(2)光标归位指令

① 光标归位指令格式

光标归位指令格式如表 4.8 所示。

表 4.8　光标归位指令格式

指令	指令编码										执行时间/ms
	RS	R/W	DB7	DB6	DB5	DB4	DB3	DB2	DB1	DB0	
光标归位	0	0	0	0	0	0	0	0	1	×	1.64

② 光标归位指令功能

a. 把光标撤回到显示器的左上方；

b. 把地址计数器(AC)的值设置为 0；

c. 保持 DDRAM 的内容不变。

(3)输入方式指令

① 输入方式指令格式

输入方式指令格式如表 4.9 所示。

表 4.9　输入方式指令格式

指令	指令编码										执行时间/μs
	RS	R/W	DB7	DB6	DB5	DB4	DB3	DB2	DB1	DB0	
输入方式值	0	0	0	0	0	0	0	1	I/D	S	40

② 输入方式指令设置

设定每次输入 1 位数据后光标的移位方向,设定每次写入的字符是否移动。参数设定如下。

a. I/D = 0,写入数据后光标左移;I/D = 1,写入数据后光标右移。

b. S = 0,写入数据后显示屏不移动;S = 1,写入数据后显示屏整体右移 1 个字符。

(4)显示状态控制指令

① 显示状态控制指令格式

显示状态控制指令格式如表 4.10 所示。

表 4.10　显示状态控制指令格式

指令	指令编码										执行时间/μs
	RS	R/W	DB7	DB6	DB5	DB4	DB3	DB2	DB1	DB0	
显示开关值	0	0	0	0	0	0	0	1	I/D	S	40

② 显示状态控制设置

控制显示器开/关、光标显示/关闭及光标是否闪烁。参数设定如下。

a. D = 0,显示功能关;D = 1,显示功能开。

b. C = 0,无光标;C = 1,有光标。

c. B = 0,光标闪烁;B = 1,光标不闪烁。

(5)光标/画面移位指令

① 光标/画面移位指令格式

光标/画面移位指令格式如表 4.11 所示。

表 4.11　光标/画面移位指令格式

指令	指令编码										执行时间/μs
	RS	R/W	DB7	DB6	DB5	DB4	DB3	DB2	DB1	DB0	
光标/画面移位指令	0	0	0	0	0	1	S/C	R/L	×	×	40

② 光标/画面移位指令功能

使光标移位或使整个显示屏幕移位。参数设定如下:

S/C	R/L	设定
0	0	光标左移 1 格,且 AC 值减 1
0	1	光标右移 1 格,且 AC 值加 1
1	0	显示器上字符全部左移一格,但光标不动
1	1	显示器上字符全部右移一格,但光标不动

(6)工作方式设置指令

① 工作方式设置指令格式

工作方式设置指令格式如表 4.12 所示。

表 4.12　工作方式设置指令格式

指令	指令编码										执行时间/μs
	RS	R/W	DB7	DB6	DB5	DB4	DB3	DB2	DB1	DB0	
功能设定	0	0	0	0	1	DL	N	F	×	×	40

② 工作方式设置指令功能

设定数据总线位数、显示的行数及字型。参数设定如下。

a. DL = 0,数据总线为 4 位;DL = 1,数据总线为 8 位。

b. N = 0,显示 1 行;N = 1,显示 2 行。

c. F = 0,5 × 7 点阵;F = 1,5 × 10 点阵。

(7)CGRAM 地址设置指令

① CGRAM 地址设置指令格式

CGRAM 地址设置指令格式如表 4.13 所示。

表 4.13　CGRAM 地址设置指令格式

指令	指令编码										执行时间/μs
	RS	R/W	DB7	DB6	DB5	DB4	DB3	DB2	DB1	DB0	
设定 CGRAM 地址	0	0	0	1	CGRAM 的地址(00～63)						40

② CGRAM 地址设置指令功能

该指令把6位 CGRAM 的地址写入地址指针寄存器 AC,随后计算机对数据的操作就是对 CGRAM 的读/写操作。

(8)DDRAM 地址设置指令

① DDRAM 地址设置指令格式

DDRAM 地址设置指令格式如表 4.14 所示。

表 4.14　DDRAM 地址设置指令格式

指令	指令编码										执行时间/μs
	RS	R/W	DB7	DB6	DB5	DB4	DB3	DB2	DB1	DB0	
设定 DDRAM 的地址	0	0	1	DDRAM 的地址(7 位)							40

② DDRAM 地址设置指令功能

该指令把7位 DDRAM 的地址写入地址指针寄存器 AC,随后计算机对数据的操作就是对 DDRAM 的读/写操作。

(9)读取忙标志/地址计数器 AC 指令

① 读取忙标志/地址计数器 AC 指令格式

读取忙标志/地址计数器 AC 指令格式如表 4.15 所示。

表 4.15　读取忙标志/地址计数器 AC 指令格式

指令	指令编码										执行时间/μs
	RS	R/W	DB7	DB6	DB5	DB4	DB3	DB2	DB1	DB0	
读取忙信息或 AC 地址	0	0	BF	AC 内容(7 位)							40

② 读取忙标志/地址计数器 AC 指令功能

该操作用于读取忙标志位 BF 及地址计数器 AC 的内容。BF =1 表示液晶显示器忙,暂时无法接收单片机送来的数据或指令;BF =0 表示液晶显示器可以接收单片机送来的数据或指令。在每次读/写之前,一定要检查 BF 位的状态。

（10）写数据指令

① 写数据指令格式

写数据指令格式如表4.16所示。

表4.16 写数据指令格式

指令	指令编码										执行时间/μs
	RS	R/W	DB7	DB6	DB5	DB4	DB3	DB2	DB1	DB0	
写数据	1	0	要写入的数据 D7 ~ D0								40

② 写数据指令功能

将字符码写入DDRAM,液晶显示屏显示出相对应的字符,或将用户设计的字符存入CGRAM。

（11）读数据指令

① 读数据指令格式

读数据指令格式如表4.17所示。

表4.17 读数据指令格式

指令	指令编码										执行时间/μs
	RS	R/W	DB7	DB6	DB5	DB4	DB3	DB2	DB1	DB0	
读数据	1	1	要读出的数据 D7 ~ D0								40

②读数据指令功能

读取DDRAM或CGRAM中的内容。

4. 读/写时序

1602LCD的读/写时序与RS,R/W,E有关,如图4.8所示。

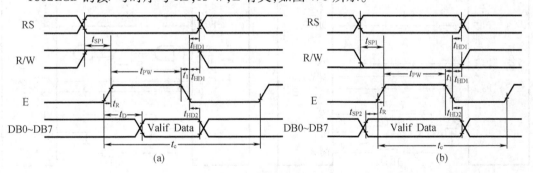

图4.8 1602读写时序

(a)读操作时序;(b)写操作时序

从图4.8中可以看出,当E为高电平时,RS与R/W的不同组合实现写指令、写数据、读状态、读数据操作,如表4.18所示。

表4.18 控制功能表(当 E 为高电平时)

RS	R/W	功能	RS	R/W	功能
0	0	写指令代码	1	0	写数据
0	1	读忙标志和 AC 码	1	0	读数据

当 E 从 1 到 0 变化时,LCD 执行其读入的指令或者显示其读入的数据。要注意的是,清屏和归位指令的执行时间为 1.64 ms,其余指令为 40 μs。只有满足这个时间要求,LCD才能准确显示。

5.LCD 复位及初始化设置

LCD 上电后复位,复位后的状态如下:

① 清除屏幕显示;

② 功能设定为 8 位数据长度,单行显示,5×7 点阵字库;

③ 显示屏、光标、闪烁功能均关闭;

④ 输入模式为 AC 地址自动加 1,显示画面不移动。

LCD 初始化设置如下:

①设置工作方式;

②清除显示;

③设定输入方式;

④设置显示状态。

在进行上述设置及对数据进行读取时,都要检测 BF 标志位,如果为 1 则要等待,为 0则可执行下一步操作。

6. 单片机与1602LCD 接口形式

LCD 液晶显示模块与单片机的接口有模拟工作时序和总线形式两种,如图4.9所示。

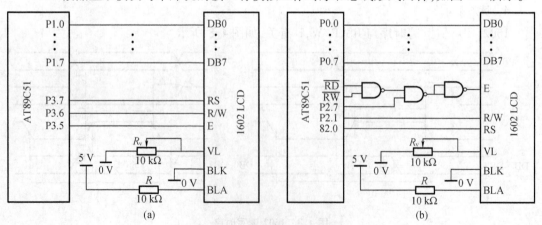

图4.9 1602LCD 液晶显示模块与单片机接口电路

(a)模拟工作时序形式;(b)总线形式

采用模拟时序工作时,通过设置相应的控制位模拟如图 4.10 所示的工作时序,实现对 LCD 的控制。采用总线形式工作时,单片机通过 MOVX @ DPTR,DATA 指令才能实现对 LCD 的控制。

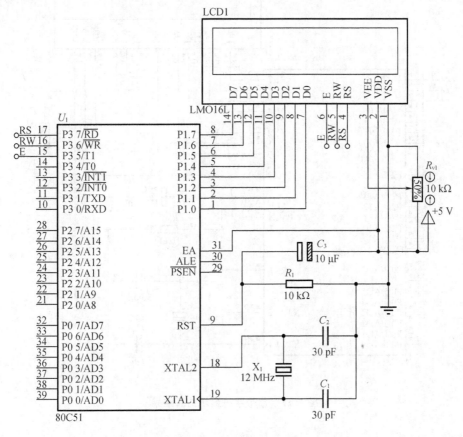

图 4.10　模拟时序电路

7. 实训内容

（1）单个字符显示

在 1602LCD 第一行第一个位置显示字符"A"。利用模拟时序的形式实现,先对 1602LCD 进行初始化,然后写入字符显示的位置(行列数),最后写入要显示的字符,电路如图4.11所示。

（2）多个字符显示

在 1602LCD 上显示"www. sohu. com"网址。在硬件上采用模拟时序形式电路,先对 1602LCD 进行初始化,输入字符显示位置(行列数),然后输入要显示的字符代码,电路仍按图 4.11 连接。

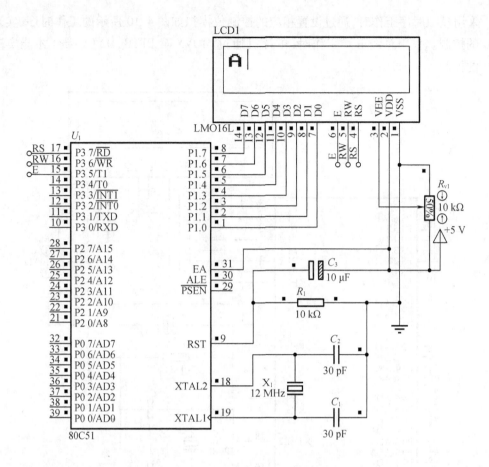

图 4.11　单个字符显示仿真结果

4.2.3　程序设计与仿真结果

单个字符显示。

1. 源程序

/ */

//项目名称:单个字符显示

//项目说明:在 1602LCD 第一行第一个位置显示字符"A"

/ */

#include ＜reg51.h＞

#include ＜absacc.h＞

#include ＜intrins.h＞

#define unchar unsigned char

#define unint unsigned int

sbit E = P3^5;

```
sbit RW = P3^6;
sbit RS = P3^7;

sbit bflag = P1^7;
/* * * * * * * * * * * * * * * * * * * * * * * * * * * * * * * * * * */
//函数名称:busy_1602()
//函数说明:检测1602LCD忙信号
//返回值:空
/* * * * * * * * * * * * * * * * * * * * * * * * * * * * * * * * * * */
void busy_1602()
{
    do
    {
        P1 = 0xff;
        RS = 0;
        RW = 1;
        E = 0;
        _nop_();
        E = 1;
    }while(bflag);
}
/* * * * * * * * * * * * * * * * * * * * * * * * * * * * * * * * * * */
//函数名称:wreg_1602(unchar com)
//函数说明:向1602LCD写控制命令
//返回值:空
/* * * * * * * * * * * * * * * * * * * * * * * * * * * * * * * * * * */
void wreg_1602(unchar com)
{
    busy_1602();
    RS = 0;
    RW = 0;
    E = 1;
    P1 = com;
    E = 0;
}
/* * * * * * * * * * * * * * * * * * * * * * * * * * * * * * * * * * */
//函数名称:wdata_1602(unchar dat)
//函数说明:向1602LCD写单个字符数据
//返回值:空
/* * * * * * * * * * * * * * * * * * * * * * * * * * * * * * * * * * */
```

```c
void wdata_1602(unchar dat)
{
    busy_1602();
    RS = 1;
    RW = 0;
    E = 1;
    P1 = dat;
    E = 0;
}
/* * * * * * * * * * * * * * * * * * * * * * * * * * * * * * * * * * */
//函数名称:init_1602()
//函数说明:初始化 1602LCD
//返回值:空
/* * * * * * * * * * * * * * * * * * * * * * * * * * * * * * * * * * */
void init_1602()
{
    wreg_1602(0x38);
    wreg_1602(0x08);
    wreg_1602(0x06);
    wreg_1602(0x01);
    wreg_1602(0x0c);
}
/* * * * * * * * * * * * * * * * * * * * * * * * * * * * * * * * * * */
//主函数:main()
/* * * * * * * * * * * * * * * * * * * * * * * * * * * * * * * * * * */
void main()
{
    init_1602();
    wreg_1602(0x80);
    wdata_1602(0x41);
    while(1);
}
```

2.程序运行结果。

程序运行结果如图4.11所示。

4.3 12864LCD 图形显示接口技术实训项目

4.3.1 实训目的

①了解12864LCD 字符显示设备的功能及引脚功能。

②掌握各控制引脚的信号形式。

③掌握模拟时序方式驱动 12864LCD 图形显示设备的程序设计方法。

4.3.2　实训原理

1. LCD 显示模块

LCD 显示模块有各种不同的型号和规格,对于不同型号和规格的液晶显示模块来说,其控制方法是一样的,下面以 12864LCD 为例说明液晶显示模块与单片机接口技术。

（1）引脚功能

如图 4.12 所示为 12864LCD 液晶显示模块,其引脚功能如表 4.19 所示。

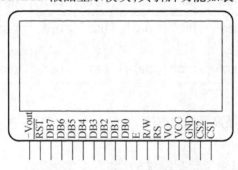

图 4.12　12864LCD 引脚分布图

表 4.19　12864LCD 液晶显示模块引脚功能

引脚	符号	引脚功能	引脚	符号	引脚功能
1	GND	电源地	15	$\overline{CS1}$	CS1 =1,芯片选择左边 64×64 点
2	VCC	电源 +5 V	16	$\overline{CS2}$	$\overline{CS2}$ =1,芯片选择右边 64×64 点
3	VO	液晶显示驱动电源 0~5 V	17	$\overline{RST}$	复位(低电平有效)
4	RS	H,数据输入;L,指令码输入	18	Vout	LCD 驱动负电源
5	R/W	H,数据读取;L,数据写入	19	A	背光电源(+)
6	E	使能信号,由 H 到 L 完成使能	20	K	背光电源(−)
7~14	DB0~DB7	数据线			有些型号模块 19、20 脚为空脚

（2）12864 DDRAM 存储器

DDRAM 是 12864LCD 的内部存储器,屏上显示内容与存储器单元建立一一对应关系,模块内部自带扫描与驱动。用户只要将显示内容写入到 12864LCD 对应的存储器中,就能实现内容的显示。

12864LCD 液晶屏横向有 128 个点,纵向有 64 个点,显示屏分为左半屏和右半屏,DDRAM 表与 12864LCD 显示屏的对应关系如表 4.20 所示。

表 4.20　12864DDRAM 表

	$\overline{CS1}=1$（左半屏）					$\overline{CS2}=1$（右半屏）					
Y =	0	1	……	62	63	0	1	……	62	63	行号
	DB0	DB0	DB0	DB0	DB0	DB0	DB0	DB0	DB0	DB0	0
	↓	↓	↓	↓	↓	↓	↓	↓	↓	↓	↓
	DB7	DB7	DB7	DB7	DB7	DB7	DB7	DB7	DB7	DB7	7
X = 0	DB0	DB0	DB0	DB0	DB0	DB0	DB0	DB0	DB0	DB0	8
↓	↓	↓	↓	↓	↓	↓	↓	↓	↓	↓	↓
X = 7	DB7	DB7	DB7	DB7	DB7	DB7	DB7	DB7	DB7	DB7	55
	DB0	DB0	DB0	DB0	DB0	DB0	DB0	DB0	DB0	DB0	56
	↓	↓	↓	↓	↓	↓	↓	↓	↓	↓	↓
	DB7	DB7	DB7	DB7	DB7	DB7	DB7	DB7	DB7	DB7	63

2. 12864LCD 图形液晶显示控制方法

（1）读状态

12864LCD 图形液晶显示读状态控制方法如表 4.21 所示。

表 4.21　12864LCD 图形液晶显示读状态控制方法

RS	R/W	E	DB7	DB7	DB5	DB4	DB3	DB2	DB1	DB0
0	1	1	BUSY	0	ON/OFF	RESET	0	0	0	0

如果 BUSY =1,表示系统忙不能操作。只有 BUSY =0 才允许操作。

（2）写指令

12864LCD 图形液晶显示写指令控制方法如表 4.22 所示。

表 4.22　12864LCD 图形液晶显示写指令控制方法

RS	R/W	E	DB7	DB7	DB5	DB4	DB3	DB2	DB1	DB0
0	1	下降沿				指令				

（3）写数据

12864LCD 图形液晶显示写数据控制方法如表 4.23 所示。

表 4.23　12864LCD 图形液晶显示写数据控制方法

RS	R/W	E	DB7	DB7	DB5	DB4	DB3	DB2	DB1	DB0
0	1	下降沿				显示数据				

（4）显示开关设置

12864LCD 图形液晶显示开关设置控制方法如表 4.24 所示。

表 4.24　12864LCD 图形液晶显示开关设置控制方法

RS	R/W	DB7	DB7	DB5	DB4	DB3	DB2	DB1	DB0
0	0	0	0	1	1	1	1	1	D

当 D = 1 时,开显示,开显示的控制字为 3FH;当 D = 0 时,关显示,关显示的控制字为 3EH。

（5）显示起始行设置

12864LCD 图形液晶显示起始行设置控制方法如表 4.25 所示。

表 4.25　12864LCD 图形液晶显示起始行设置控制方法

RS	R/W	E	DB7	DB7	DB5	DB4	DB3	DB2	DB1	DB0
0	0	1	1	显示起始行(0 ~ 63)						

规定了显示屏上起始行所对应 DDRAM 的行地址。

（6）页面地址设置

12864LCD 图形液晶显示页面地址设置控制方法如表 4.26 所示。

表 4.26　12864LCD 图形液晶显示页面地址设置控制方法

RS	R/W	DB7	DB7	DB5	DB4	DB3	DB2	DB1	DB0
0	0	1	0	1	1	1	Page(0 ~ 7)		

页面地址是 DDRAM 的行地址,8 行为一页,DDRAM 共 64 行,即 8 页,DB2 ~ DB0 表示 0 ~ 7 页。

（7）列地址设置

12864LCD 图形液晶显示列地址设置控制方法如表 4.27 所示。

表 4.27　12864LCD 图形液晶显示列地址设置控制方法

RS	R/W	DB7	DB7	DB5	DB4	DB3	DB2	DB1	DB0
0	0	0	1	Y address(0 ~ 63)					

列地址计数器在每一次读/写数据后将自动加 1,在每次操作后明确起始列的地址。

（8）读数据

12864LCD 图形液晶显示读数据控制方法如表 4.28 所示。

表 4.28　12864LCD 图形液晶显示读数据控制方法

RS	R/W	DB7	DB7	DB5	DB4	DB3	DB2	DB1	DB0
1	1	\multicolumn{8}{c}{显示数据}							

该操作将 12864LCD 模块中的 DDRAM 存储器对应单元中的内容读出,然后列地址计数器自动加 1。

3. 单片机与 12864LCD 接口电路

单片机与 12864LCD 显示模块有直接控制方式与间接控制方式两种。

(1)直接控制方式

直接控制方式就是将液晶显示模块的接口作为存储器或 I/O 设备直接挂在单片机总线上,单片机以访问存储器或 I/O 设备的方式操作液晶显示模块的工作。直接控制方式的接口电路如图 4.13 所示。图 4.13 中,80C51 通过高位地址 A11 控制 CS2,A10 控制 CSl,以选通液晶显示屏两个区。同时,80C51 用地址 A9 作为 R/W 信号控制数据总线的数据流向,用地址 A8 作为 RS 信号控制寄存器的选择。E 信号由 80C51 的读信号 RD 和写信号 WR 合成,这种电路采用 MOVX 类指令实现控制,电位器用于显示对比度的调节。

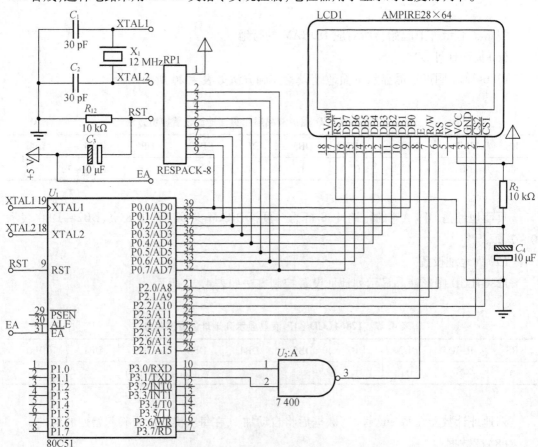

图 4.13　单片机与 12864LCD 直接控制方式原理图

（2）间接控制方式

间接控制方式是应用 I/O 接口,模拟 12864LCD 液晶显示模块工作时序,实现对液晶显示模块的控制,电路如图 4.14 所示。

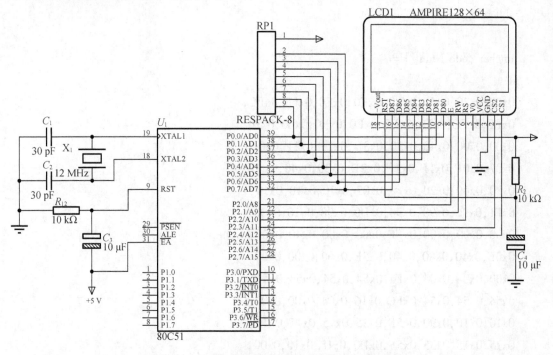

图 4.14　单片机与 12864LCD 间接访问电路原理图

4. 实训内容

在 12864LCD 液晶显示屏中央显示"★仿真实例★"字样。电路结构采用模拟时序的控制方法实现,根据汉字取码和图形取码的方法,分别得到"★"和汉字的编码,以第 3 页 16 列为显示起点,按图 4.14 连接电路。

4.3.3　程序设计与仿真结果

1. 源程序

```
#include < reg51. h >
#include < absacc. h >
#include < intrins. h >


#define unchar unsigned char
#define unint unsigned int
#define PORT P0


sbit CS1 = P2^4;
sbit CS2 = P2^3;
```

```
sbit RS   = P2^2;
sbit RW  = P2^1;
sbit E    = P2^0;
sbit bflag  = P0^7;

unchar code Num[ ] =
{
0x00,0x20,0x60,0xE0,0xE0,0xE0,0xF0,0xFC,
0xFF,0xFC,0xF0,0xE0,0xE0,0xE0,0x60,0x20,
0x00,0x00,0x40,0x30,0x3D,0x1F,0x1F,0x0F,
0x07,0x0F,0x1F,0x1F,0x3D,0x30,0x40,0x00,
0x80,0x40,0x20,0xF8,0x07,0x10,0x10,0x10,
0xF1,0x96,0x90,0x90,0xD0,0x98,0x10,0x00,
0x00,0x00,0x00,0xFF,0x00,0x80,0x40,0x30,
0x0F,0x40,0x80,0x40,0x3F,0x00,0x00,0x00,
0x00,0x04,0x04,0xF4,0x54,0x54,0x54,0x5F,
0x54,0x54,0x54,0xFC,0x16,0x04,0x00,0x00,
0x10,0x10,0x90,0x5F,0x35,0x15,0x15,0x15,
0x15,0x15,0x35,0x5F,0xD0,0x18,0x10,0x00,
0x10,0x0C,0x04,0x44,0x8C,0x94,0x35,0x06,
0xF4,0x04,0x04,0x04,0x04,0x14,0x0C,0x00,
0x02,0x82,0x82,0x42,0x42,0x23,0x12,0x0E,
0x03,0x0A,0x12,0x22,0x42,0xC3,0x02,0x00,
0x40,0x20,0xF8,0x07,0x84,0x64,0x3C,0x24,
0x24,0xE6,0x04,0xF0,0x00,0xFF,0x00,0x00,
0x00,0x00,0xFF,0x01,0x20,0x11,0x0A,0x04,
0x03,0x00,0x00,0x47,0x80,0x7F,0x00,0x00,
};

void Left( )
{
CS1 = 0;
CS2 = 1;
}

void Right( )
{
CS1 = 1;
```

```
CS2 = 0;
}

void Busy_12864( )
{
do
{
  E   = 0;
  RS  = 0;
  RW  = 1;
  PORT = 0xff;
  E = 1;
  E =0;
} while( bflag) ;
}

void Wreg( unchar c )
{
Busy_12864( ) ;
RS  = 0;
RW  = 0;
PORT = c;
E = 1;
E =0;
}

void Wdata( unchar c )
{
Busy_12864( ) ;
RS  = 1;
RW  = 0;
PORT = c;
E = 1;
E =0;
}

void Pagefirst( unchar c )
{
```

```
    unchar i;
    i = c;
    c = i|0xb8;
    Busy_12864();
    Wreg(c);
}


void Linefirst(unchar c)
{
    unchar i;
    i = c;
    c = i|0x40;
    Busy_12864();
    Wreg(c);
}


void Ready_12864()
{
    unint i,j;
    Left();
    Wreg(0x3f);
    Right();
    Wreg(0x3f);
    Left();
    for(i = 0;i < 8;i++)
    {
        Pagefirst(i);
        Linefirst(0x00);
        for(j = 0;j < 64;j++)
        {
            Wdata(0x00);
        }
    }
    Right();
    for(i = 0;i < 8;i++)
    {
        Pagefirst(i);
        Linefirst(0x00);
```

```
for( j = 0 ; j < 64 ; j ++ )
{
    Wdata( 0x00 ) ;
}
}
}


void Display( unchar * s , unchar page , unchar line )
{
unchar i , j ;
Pagefirst( page ) ;
Linefirst( line ) ;
for( i = 0 ; i < 16 ; i ++ )
{
    Wdata( * s ) ;
    s ++ ;
}
Pagefirst( page + 1 ) ;
Linefirst( line ) ;
for( j = 0 ; j < 16 ; j ++ )
{
    Wdata( * s ) ;
    s ++ ;
}
}


void main( )
{
Ready_12864( ) ;
Left( ) ;
Display( Num , 0x03 , 16 ) ;
Display( Num + 32 , 0x03 , 32 ) ;
Display( Num + 64 , 0x03 , 48 ) ;
Right( ) ;
Display( Num + 96 , 0x03 , 0 ) ;
Display( Num + 128 , 0x03 , 16 ) ;
Display( Num , 0x03 , 32 ) ;
while( 1 ) ;
```

2.程序运行结果

程序运行结果如图 4.15 所示。

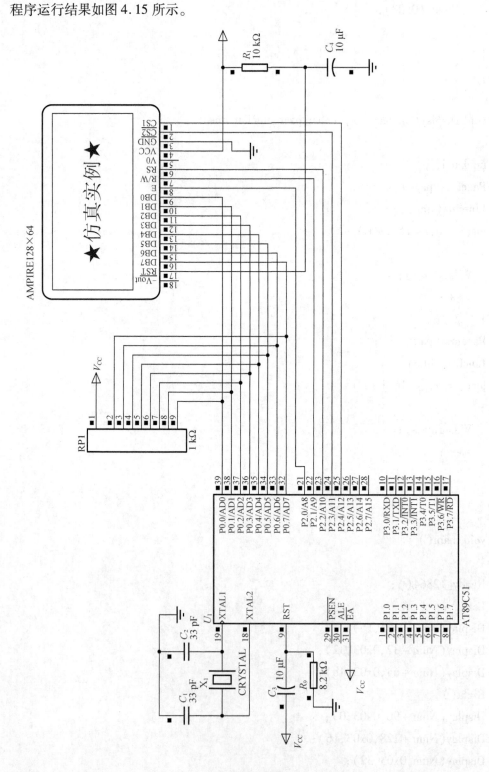

图 4.15　12864LCD 显示数据仿真结果

第5章　单片机键盘接口电路实训项目

5.1　独立键盘接口电路实训项目

5.1.1　实训目的

①掌握单片机独立键盘接口设计方法。

②掌握按键功能设计方法。

③掌握软件消除按键抖动方法。

5.1.2　实训原理

1.按键的分类

按键按照结构原理的不同可分为两类:一类是机械触点式开关按键,如机械式开关、导电橡胶式开关等;另一类是无触点式开关按键,如电气式按键、磁感应按键等。前者造价低,后者寿命长。目前,微机系统中最常见的是机械触点式开关按键。

用于计算机系统的键盘通常有两类,按照识别按键方法的不同,分为编码键盘和非编码键盘,这两类键盘的主要区别是识别键符及给出相应键码的方法不同。

2.按键的输入与识别

在单片机应用系统中,除了复位按键有专门的复位电路及专一的复位功能外,其他按键都是以开关状态来设置控制功能或输入数据的。当所设置的功能键或数字键按下时,计算机应用系统应完成该按键所设定的功能,键信息输入是与软件结构密切相关的过程。

对于一组键或一个键盘,总有一个接口电路与 CPU 相连。CPU 可以采用查询或中断方式了解有无键输入,并检查是哪一个键按下,将该键号读出,然后通过跳转指令转入执行该键的功能程序,执行完后再返回主程序。

3.按键的编码以及键盘程序的编制

一组按键或键盘都要通过 I/O 口线查询按键的开关状态。根据键盘结构的不同,采用不同的编码。无论有无编码以及采用何种编码,最后都要转换为键值以实现按键功能程序的跳转。

一个完善的键盘控制程序应具备以下功能:

①检测有无按键按下,并采取硬件或软件措施,消除键盘按键机械触点抖动的影响;

②有可靠的逻辑处理办法,每次只处理一个按键,其间对任何按键的操作都对系统不产生影响,且无论一次按键时间有多长,系统仅执行一次按键功能程序;

③准确输出按键值(或键号)以满足跳转指令要求。

4. 按键抖动现象的消除

当按键按下和释放时，会向单片机 CPU 输入一个 0 或 1 的电平，CPU 根据收到的 0 或 1 的电平信号决定具体的操作。但是，按键按下或释放时，开关的机械触点会产生抖动，抖动时间的长短与开关的机械特性有关，一般为 5～10 ms。在触点抖动期间，CPU 不能接收到稳定的电平信号，会引起 CPU 对一次按下键或断开键进行多次处理，从而导致判断出错。因此，必须对按键采取去抖动措施。消除键抖动有硬件和软件两种处理方法，在键数较少时，可采用硬件去抖，而当键数较多时，采用软件去抖。软件处理方法更方便、更常用，但要根据键盘结构设计去抖程序。

(1)硬件去抖

硬件去抖方法很多，在按键输出端加双稳态触发器、单稳态触发器或 RC 积分电路都可构成去抖电路。

(2)软件去抖

硬件方法需要增加元器件，电路复杂，当按键较多时，不仅实现困难，还会增加成本，甚至影响系统的可靠性。这时，软件方法不失为一种有效的方法。用软件消除抖动不需要增加任何元器件，只需要编写一段延时程序，就可以达到消除抖动的作用。软件上采取的具体措施是在 CPU 检测到有按键按下时，先调用执行一段延时程序后，再检测此按键，若仍为按下状态电平，则 CPU 确认该键确实按下。同理，在检测到该键释放后，也应采用相同的步骤进行确认，从而可消除抖动的影响。延时子程序的具体时间应根据所使用的按键情况进行调整，一般为 10 ms 左右。

5. 独立式按键

非编码键盘按照结构的不同可分为独立式键盘和行列式键盘。在单片机控制系统中，往往只需要几个功能键，不超过 8 个键时，可采用独立式按键结构。

独立连接式按键是指直接用 I/O 端口线构成的单个按键电路。每个键单独占用一根 I/O 端口线，每根 I/O 线的工作状态不会影响其他 I/O 端口线的工作状态。独立式按键的典型应用如图 5.1 所示。没有键按下时，所有的数据输入线都处于高电平状态；当任何一个键按下时，与之相连的数据输入线将被拉成低电平。

独立式按键接口电路配置灵活，软件结构简单，但每个按键必须占用一根 I/O 端口线，在键数较多时，I/O 端口线浪费比较大，故只在按键数量不多时才采用这种按键电路。在图 5.1 所示的电路中，按键输入都采用低电平有效，上拉电阻保证了按键断开时 I/O 端口线有确定的高电平。当 I/O 内部有上拉电阻时，外电路可以不配置上拉电阻。

5.1.3　程序设计与仿真结果

独立式按键的软件设计可采用查询方式和中断方式。

查询方式的具体做法是先逐位查询每根 I/O 口线的输入状态，如某一根 I/O 口线的输入为低电平，则可确认该 I/O 口线所对应的按键已按下，然后再转向该键的功能处理程序。

查询检测的方式如图 5.2(a)所示，判断是否有键被按下，可按位依次读取 I/O 的状态，直接确认按键。

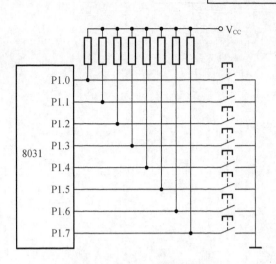

图 5.1　独立式按键电路

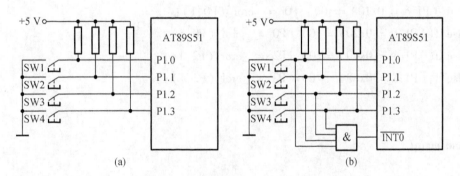

图 5.2　独立式键盘查询和中断方式连接图

中断方式下,按键往往连接到外部中断 INT0 或 INT1 和 T0,T1 等几个外部 I/O 上。编写程序时,需要在主程序中将相应的中断允许打开,各个按键的功能应在相应的中断子程序中编写完成。

如图 5.2(b)所示的中断方式则是有键按下后先进入中断服务程序,在中断服务程序中再依次读取 I/O 位的状态来确认按键。

需要说明的是,采用中断方式可最大程度保证检测的实时性,即系统对按键的反应迅速及时;而在实时性要求不高的条件下,采用查询方式则能节省硬件和减少软件工作。

1. 源程序

```
/ * * * * * * * * * * * * * * * * * * * * * * * * * * * * * * * * * * * * * * /
//项目名称:按键控制流水灯
//项目说明:4 个按键控制 2 组流水灯上移下移
/ * * * * * * * * * * * * * * * * * * * * * * * * * * * * * * * * * * * * * * /
#include  < reg52. h >
#include  < intrins. h >
#define uchar unsigned char
#define uint unsigned int
```

```
void DelayMS( uint x )
{
    uchar i;
while( x -- )
{
    for( i = 200;i > 0;i -- );
}
}


void Move_LED( )
{
    if( ( P1 & = 0x10 ) ==0 )   P0 = _cror_( P0,1 );
else if( ( P1 & = 0x20 ) ==0 )   P0 = _crol_( P0,1 );
else if( ( P1 & = 0x40 ) ==0 )   P2 = _cror_( P2,1 );
else if( ( P1 & = 0x80 ) ==0 )   P2 = _crol_( P2,1 );
}


void main( )
{
    uchar Recent_Key = 0xff;
P0 = 0xfe;
P1 = 0xfe;
P2 = 0xfe;
while( 1 )
{
    if( Recent_Key ! = P1 )
    {
        Recent_Key = P1;
        Move_LED( );
        DelayMS( 10 );
    }
}
}
```

2. 程序运行结果

程序运行结果如图 5.4 所示。

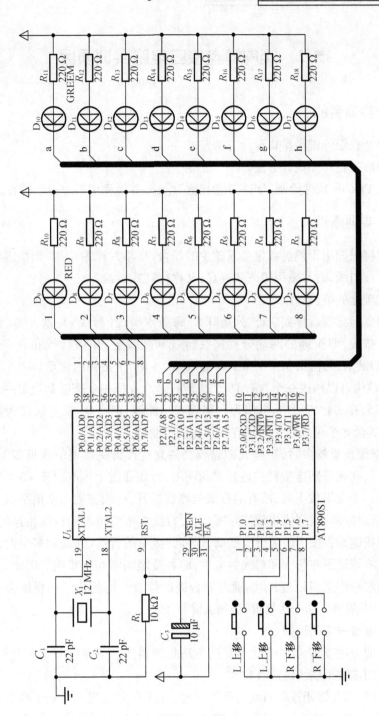

图 5.4 按键控制流水灯程序运行结果

5.2 矩阵键盘接口电路实训项目

5.2.1 实训目的

①掌握单片机矩阵键盘接口设计方法。

②掌握矩阵按键功能设计方法。

③掌握用 Proteus 软件绘制"矩阵键盘扫描"电路，并用测试程序进行仿真。

5.2.2 实训原理

独立式按键只能用于键盘数量要求较少的场合，在单片机系统中，当按键数较多时，为了少占用 I/O 端口线，时常采用矩阵式键盘，又称行列式键盘。

1. 矩阵式键盘的结构和原理

矩阵式键盘即将键盘排列成行、列矩阵式，每条水平线（行线）与垂直线（列线）的交叉点处连接一个按键，即按键的两端分别接在行线和列线上，M 条行线和 N 条列线可组成 $M \times N$ 个按键的键盘，共占用 $M + N$ 条 I/O 端口线。4×4 个按键的键盘如图 5.5 所示，一个 4×4 的行、列结构可以构成一个含有 16 个按键的键盘。每一个按键都规定一个键号，分别为 $0,1,2,\cdots,15$，在实际应用中，可作为数字键和功能键，定义 $0 \sim 9$ 号按键为数字键，对应数字 $0 \sim 9$，而其余 6 个可以定义为具有各功能的控制键。

显然，在按键数量较多时，矩阵式键盘较之独立式按键键盘要节省很多 I/O 端口。矩阵式键盘中，行、列线分别连接到按键开关的两端，行线通过上拉电阻接 +5 V（或列线通过电阻接 +5 V）。当无键按下时，所有的行线与列线断开，行线都处于高电平状态；当有键按下时，则该键所对应的行、列线将短接导通，此时行线电平将由与此行线相连的列线电平决定。这是识别按键是否按下的关键。然而，矩阵键盘中的行线、列线和多个键相连，各按键按下与否均影响该键所在行线和列线的电平，即各按键间将相互影响。因此，必须将行线、列线信号配合起来作适当处理，才能确定闭合键的位置。键的按下和释放会引起抖动，为了保证 CPU 对键的闭合作一次处理，必须去除抖动。

2. 矩阵式键盘按键的识别

识别按键的方法很多，其中最为常见的方法是扫描法。下面以图 5.5 中 8 号键的识别为例说明利用扫描法识别按键的过程。

按键按下时，与此键相连的行线与列线导通，行线在无键按下时处于高电平。显然，如果让所有的列线也处于高电平，那么，按键按下与否不会引起行线电平的变化。因此，必须使所有列线处在低电平，只有这样，当有键按下时，该键所在的行电平才会由高电平变为低电平。CPU 根据行电平的变化便能判定相应的行有键按下。8 号键按下时，第 2 行一定为低电平。然而，第 2 行为低电平时，能否肯定是 8 号键按下呢？回答是否定的，因为 9 号、10 号、11 号键按下时同样会使第 2 行为低电平。为进一步确定具体键，不能使所有列线在同一时刻都处在低电平，可在某一时刻只让一条列线处于低电平，其余列线均处于高电平，另一时刻，让下一列处在低电平，依此循环，这种依次轮流每次选通一列的工作方式称为键盘扫描。采用键盘扫描后,再观察 8 号键按下时的工作过程,当第 0 列处于低电平时,第 2 行处于低电平,而第 1、第 2、第 3 列处于低电平时,第 2 行却处在高电平。由此,可判定按下的键应是第 2 行与第 0 列的交叉点,即 8 号键。

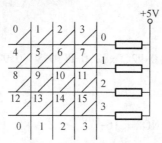

图 5.5 4×4 矩阵式

CPU 对键盘扫描可采取程序控制的随机方式,即 CPU 空闲时扫描键盘;也可以采取定时控制方式,即每隔一定时间 CPU 对键盘扫描一次;也可以采用中断方式,即每当键盘上有键闭合时,向 CPU 请求中断,CPU 响应键盘输入的中断,对键盘进行扫描,以识别哪一个键处于闭合状态,并对键盘输入的信息作出相应处理。CPU 对键盘上闭合键的键号确定可以根据行线和列线的状态计算求得,也可以根据行线和列线状态查表求得。

3. 键盘的编码

对于独立式按键键盘,因按键数量少,可根据实际需要灵活编码。对于矩阵式键盘,按键的位置由行号和列号唯一确定,因此可分别对行号和列号进行二进制编码,然后将两值合成一个字节,高 4 位是行号,低 4 位是列号。如图 5.5 中的 8 号键,它位于第 2 行第 0 列,因此,其键盘编码应为 20H。采用上述编码对于不同行的键离散性较大,不利于散转指令对按键进行处理。因此,可采用依次排列键号的方式对按键进行编码。以图 5.5 中的 4×4 键盘为例,可将键号编码为 01H,02H,03H,…,0EH,0FH,10H 等 16 个键号。编码相互转换可通过计算或查表的方法实现。

4. 键盘扫描控制方式

在单片机应用系统中,键盘扫描只是 CPU 的工作内容之一。CPU 对键盘的响应取决于键盘的工作方式,键盘的工作方式应根据实际应用系统中 CPU 的工作状况而定,其选取的原则是既要保证 CPU 能及时响应按键操作,又不要过多占用 CPU 的工作时间。通常,键盘的工作方式有 3 种,即编程扫描、定时扫描和中断扫描。

5.2.3 程序设计与仿真结果

1. 源程序

```
/* * * * * * * * * * * * * * * * * * * * * * * * * * * * * * * * * * * * */
//项目名称:数码管显示 4×4 键盘矩阵按键
/* * * * * * * * * * * * * * * * * * * * * * * * * * * * * * * * * * * * */
#include  < reg52. h >
#define uchar unsigned char
```

```
#define uint unsigned int
sbit BEEP = P3^7;

uchar code DSY_CODE[ ] =
{
0xc0,0xf9,0xa4,0xb0,0x99,0x92,0x82,0xf8,0x80,0x90,0x88,0x83,0xc6,0xa1,0x86,
0x8e,0x00
};
uchar Pre_KeyNO = 16,KeyNO = 16;

void DelayMS(uint ms)
{
    uchar t;
while(ms --)
{
    for(t = 0;t < 120;t ++);
}
}

void Keys_Scan()
{
    uchar Tmp;
    P1 = 0x0f;
    DelayMS(1);
    Tmp = P1 ^ 0x0f;
    switch(Tmp)
{
    case 1: KeyNO = 0; break;
    case 2: KeyNO = 1; break;
    case 4: KeyNO = 2; break;
    case 8: KeyNO = 3; break;
    default: KeyNO = 16;
}
    P1 = 0xf0;
    DelayMS(1);
    Tmp = P1 >> 4 ^ 0x0f;
    switch(Tmp)
{
```

```
    case 1: KeyNO + = 0; break;
    case 2: KeyNO + = 4; break;
    case 4: KeyNO + = 8; break;
    case 8: KeyNO + = 12;
    }
}


void Beep( )
{
    uchar i;
for( i = 0;i < 100;i + + )
{
    DelayMS(1);
    BEEP = ~BEEP;
}
BEEP = 1;
}


void main( )
{
    P0 = 0x00;
while(1)
{
    P1 = 0xf0;
    if( P1 ! = 0xf0)
        Keys_Scan( );
    if( Pre_KeyNO ! = KeyNO)
    {
        P0 = ~DSY_CODE[ KeyNO];
        Beep( );
        Pre_KeyNO = KeyNO;
    }
    DelayMS(100);
}
}
```

2. 程序运行结果

程序运行结果如图 5.6 所示。

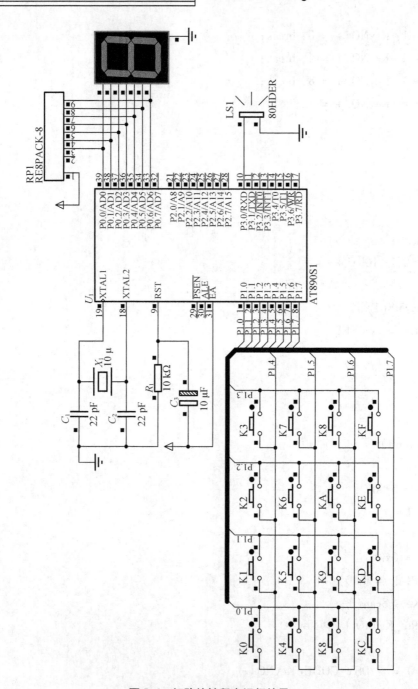

图 5.6 矩阵按键程序运行结果

第6章　单片机定时/计数器与中断技术实训项目

6.1　单片机中断系统

6.1.1　单片机中断系统结构

1. 中断与中断源

能让 CPU 产生中断的信号源称为中断源。8051 单片机具有 6 源 5 向量结构,即 8051 单片机有 INT0,INT1,T0,T1,TI,RI 这 6 个中断源,有 EX0,ET0,EX1,ET1,ES 这 5 个向量。

(1)INT0 和 INT1

INT0 和 INT1 为外部中断源,对应 P3.2 和 P3.3 引脚,具有低电平和脉冲两种触发方式,在每个机器周期采样引脚信号,若有效则由硬件将它的中断请求标志位 IE 置 1,请求中断,当 CPU 响应中断时,由硬件复位。

(2)T0 和 T1

T0 和 T1 为定时/计数器中断。当定时/计数器产生溢出时,置位中断请求标志位 TF,请求中断处理。

(3)RI 和 TI

RI 和 TI 为串行中断。RI 是接收,TI 为发送。单片机串行口接收到一个字符后位,RI 置 1;发送完一个字符,TI 置 1。值得注意的是,RI 和 TI 公用一个 ES,在响应中断后,TI 和 RI 必须用指令复位(软件复位)。

2. 中断响应

CPU 在执行程序的过程中,在每个机器周期对中断标志位进行查询。一旦查询到有中断请求,CPU 只要不在执行同级或高级的中断服务程序和当前指令执行完毕两种情况,则响应中断;如果当前正在执行的指令是 RETI 或访问 IE,IP 的指令,则当前指令执行完毕后,CPU 才响应中断。

3. 中断入口

单片机响应中断后,将转向特定的入口进行中断服务,相邻中断源的入口地址间隔为 8 个单元。这意味着如果要把中断源对应的中断服务程序从入口地址开始存放,则程序的长度不能超过 8 字节,否则会影响到下一个中断源的入口地址的使用。而通常情况下,中断服务程序的长度不止 8 字节,因此,常见的处理方法是在入口地址处存放一条无条件转移指令,通过这条转移指令转向对应的中断服务程序入口,中断服务程序以 RETI 结束。

4. 中断服务

完成中断指定的任务称为中断服务。值得注意的是,中断服务与调用子程序尽管在形式上很相似,但仍然有着根本的区别。首先,调用子程序是事先安排的,而中断的产生是不随人的意志转移的,是随机的;其次,调用子程序没有固定的入口地址,而中断具有固定的入口地址;最后,中断服务返回用 RETI 指令,而调用子程序返回用 RET 指令。

5.中断请求的撤销

CPU 响应中断请求,在中断返回(RETI)之前,该中断请求应被撤销,否则会引发另一次中断。

(1)定时/计数器中断请求撤销

CPU 在响应中断后,由硬件自动清除中断请求标志 TF。

(2)外部中断请求撤销

如果采用脉冲触发方式,CPU 在响应中断后,由硬件自动清除中断请求标志 IE。对于电平触发方式的外部中断请求,中断标志的撤销是自动的。由于造成中断请求的低电平继续存在,所以在响应中断后再次会产生中断请求。为此,响应中断后要撤销外部信号。

(3)串行口中断撤销

RI 与 TI 公用一个中断位,响应中断后,要测试 RI 或 TI 标志以决定相应操作,中断系统的硬件不能自动清除 RI 或 TI,RI 和 TI 必须采用软件撤销。

6.1.2　中断相关寄存器及其设置

1.中断允许寄存器 IE

IE 是中断允许寄存器,IE 设置如表6.1所示。

表 6.1　IE 设置

EA	×	×	ES	ET1	EX1	ET0	EX0

EA:中断允许总控制位。EA=0,禁止所有中断源的中断请求;EA=1,开放所有中断。

ES:ES=0,禁止串行口中断;ES=1,允许串行口中断。

ET1,ET0:ET=0,禁止定时/计数器中断;ET=1,允许定时/计数器中断。

EX1,EX0:EX=0,禁止外部中断请求;EX=1,允许外部中断请求。

2.中断优先级寄存器 IP

单片机中断系统有高级和低级两种。中断源的优先级通过对中断优先级寄存器 IP 的相应位进行设置实现,置1为高优先级,清0为低优先级。中断优先级寄存器是8位可位寻址的特殊功能寄存器,IP 设置如表6.2所示。

表 6.2　IP 设置

×	×	×	PS	PT1	PX1	PT0	PX0

PS:串行口中断优先级设置位。

PT1,PT0:定时/计数器优先级设置位。

PX1,PX0:外部中断优先级设置位。

3. 定时控制寄存器 TCON

定时器控制寄存器是一个可位寻址的 8 位 SFR 寄存器,用于控制定时器的启动和停止。

TCON 设置如表 6.3 所示。

表 6.3　TCON 设置

TF1	TR1	TF0	TR0	IE1	IT1	IE0	IT0

TR0,TR1:定时器启停控制位。TRx =1,启动定时/计数器;TRx =0,定时/计数器停止工作。

TF0,TF1:定时/计数器溢出中断标志位。当定时/计数器有溢出时,硬件自动将 TF 置1,并向 CPU 申请中断;当响应中断请求后,硬件自动将 TF 清 0。

IE0,IE1:外部中断请求标志位。IEx =1,表示有中断,CPU 响应中断请求,硬件自动将IEx 清 0。

IT0,IT1:外部中断请求触发方式选择位。ITx =1,为脉冲触发方式;ITx =0,为低电平触发方式。

4. 串行控制寄存器 SCON

SCON 是一个可位寻址的专用寄存器,用于串行数据通信的控制。SCON 设置如表 6.4所示。

表 6.4　SCON 设置

SM0	SM1	SM2	REN	TB8	RB8	T1	R1

SM0,SM1:串行口工作方式选择位。

SM2:多机通信控制位,在方式 2 或方式 3 下实现多机通信。

REN:允许接收位,由软件置位或清 0。REN =1,允许接收;REN =0,禁止接收。

TB8:发送数据的第 9 位。

RB8:接收数据的第 9 位。

TI,RI:TI 为发送中断标志位,RI 为接收中断标志位。在任何下作方式下,TI,RI 只能由软件清 0。

6.2 外部中断实训项目

6.3.1 实训目的

1. 了解 8051 单片机的外部中断工作原理；

2. 了解并掌握与外部中断相关寄存器的设置方法；

3. 掌握单片机 C 语言中断服务程序的编写。

6.3.2 实训原理

1. 中断允许寄存器设置

中断允许寄存器设置如表6.5所示。

表 6.5 中断允许寄存器设置

EA	×	×	ES	ET1	EX1	ET0	EX0

EA = 1;//开中断。

EX0 = 1;//允许 INT0 中断。

2. 实训内容

(1) INT0 中断计数

使用独立按键触发外部中断0(INT0),设置 3 只分立式数码管显示按键计数值,不需要处理数码管动态刷新显示的问题。

(2) INT0 及 INT1 中断计数

80C51 单片机的两种外部中断可以同时启用,要求同时使能 INT0 和 INT1 中断,当连接 P3.2 和 P3.3 的两个计数按键触发中断时,对应的中断例程会分别进行计数,两组计数值分别显示在左右各三位数码管上,另外两个按键则分别用于两组计数的清零操作,对清零按键采取查询法实现。

6.3.3 程序设计与仿真结果

1. INT0 中断计数

(1)源程序

```
/ * * * * * * * * * * * * * * * * * * * * * * * * * * * * * * * * * * * * * /
//项目名称:INT0 中断计数
//项目说明:独立按键触发外部中断 INT0
/ * * * * * * * * * * * * * * * * * * * * * * * * * * * * * * * * * * * * * /
#include < reg51. h >
#include < intrins. h >
```

```
#define unchar unsigned char
#define unint unsigned int

const unchar SEG_CODE[ ] =
{0xc0,0xF9,0xA4,0xB0,0x99,0x82,0xF8,0x80,0x90,0xFF};

unchar Display_Buffer[3] = {0,0,0};
unchar Count = 0;

sbit Clear_Key = P3^6;
/* * * * * * * * * * * * * * * * * * * * * * * * * * * * * * * * * * * */
//函数名称:delay_ms(unint x)
//函数说明:延时函数
//返回值:空
/* * * * * * * * * * * * * * * * * * * * * * * * * * * * * * * * * * * */
void delay_ms(unint x)
{
unint t;
while(x--)
  for(t = 0;t < 120;t++);
}
/* * * * * * * * * * * * * * * * * * * * * * * * * * * * * * * * * * * */
//函数名称:Refresh_Display()
//函数说明:显示数值
//返回值:空
/* * * * * * * * * * * * * * * * * * * * * * * * * * * * * * * * * * * */
void Refresh_Display()
{
Display_Buffer[0] = Count/100;
Display_Buffer[1] = Count%100/10;
Display_Buffer[2] = Count%10;
if(Display_Buffer[0]==0)
{
  Display_Buffer[0] = 10;
  if(Display_Buffer[1]==0)
    Display_Buffer[1] = 10;
```

```
    }
    P0 = SEG_CODE[Display_Buffer[0]];
    P1 = SEG_CODE[Display_Buffer[1]];
    P2 = SEG_CODE[Display_Buffer[2]];
}
/* * * * * * * * * * * * * * * * * * * * * * * * * * * * * * * * */
//函数名称:主程序
/* * * * * * * * * * * * * * * * * * * * * * * * * * * * * * * * */
void main()
{
P0 = 0xFF;
P1 = 0xFF;
P2 = 0xFF;
IT0 = 1;
while(1)
{
    if(Clear_Key == 0)
        Count = 0;
    Refresh_Display();
}
}
/* * * * * * * * * * * * * * * * * * * * * * * * * * * * * * * * */
//函数名称:EX_INT0()
//函数说明:INT0 中断 中断向量号:0
//返回值:空
/* * * * * * * * * * * * * * * * * * * * * * * * * * * * * * * * */
void EX_INT0() interrupt 0
{
EA = 0;
delay_ms(10);
Count ++;
EA = 1;
}
```

(2)程序运行结果

程序运行结果如图6.1所示。

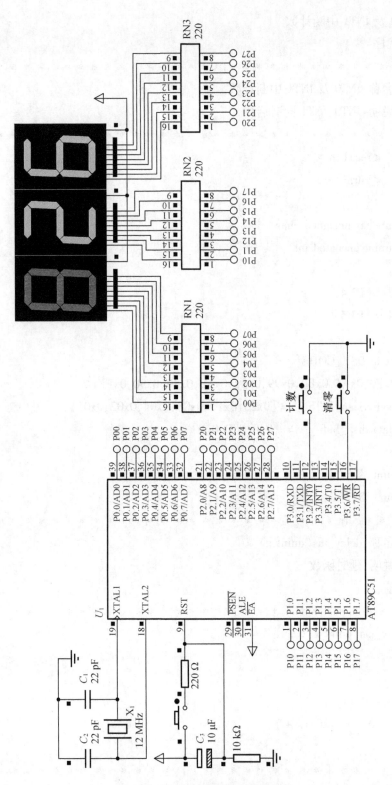

图 6.1　INT0 中断计数仿真结果

2. INT0 及 INT1 中断计数

（1）源程序

```
/* * * * * * * * * * * * * * * * * * * * * * * * * * * * * * * * */
//项目名称:INT0 及 INT1 中断计数
//项目说明:INT0、INT1 同时启用
/* * * * * * * * * * * * * * * * * * * * * * * * * * * * * * * * * */
#include  <reg51. h >
#include  <intrins. h >

#define unchar unsigned char
#define unint unsigned int

sbit key3  =  P3^4;
sbit key4  =  P3^5;

unchar code DSY_CODE[ ] =
{0xc0,0xF9,0xA4,0xB0,0x99,0x82,0xF8,0x80,0x90,0xFF};
unchar code Scan_BITS[ ] = {0x20,0x10,0x08,0x04,0x02,0x01};
unchar data disp_buff[ ]  =  {0,0,0,0,0,0};

unint Count_A  =  0;
unint Count_B  =  0;
/* * * * * * * * * * * * * * * * * * * * * * * * * * * * * * * * * */
//函数名称:delay_ms( unint x)
//函数说明:延时函数
//返回值:空
/* * * * * * * * * * * * * * * * * * * * * * * * * * * * * * * * * */
void delay_ms( unint x)
{
unint t;
while( x -- )
  for( t  =  0;t  <  120;t ++ );
}
/* * * * * * * * * * * * * * * * * * * * * * * * * * * * * * * * * */
//函数名称:Show_Counts( )
//函数说明:显示 6 个数码管数值
//返回值:空
```

```
/ * * * * * * * * * * * * * * * * * * * * * * * * * * * * * * * * * * * /
void Show_Counts( )
{
unchar i;
disp_buff[5] = Count_A/100;
disp_buff[4] = Count_A%100/10;
disp_buff[3] = Count_A%10;
if( disp_buff[5] ==0)
{
  disp_buff[5] = 10;
  if( disp_buff[4] ==0)
    disp_buff[4] = 10;
}
disp_buff[2] = Count_B/100;
disp_buff[1] = Count_B%100/10;
disp_buff[0] = Count_B%10;
if( disp_buff[2] ==0)
{
  disp_buff[2] = 10;
  if( disp_buff[1] ==0)
    disp_buff[1] = 10;
}
for( i = 0;i < 6 ; i++)
{
  P0 = 0xFF;
  P2 = Scan_BITS[i];
  P0 = DSY_CODE[disp_buff[i]];
  delay_ms(1);
}
}
/ * * * * * * * * * * * * * * * * * * * * * * * * * * * * * * * * * * * /
//函数名称:主程序
/ * * * * * * * * * * * * * * * * * * * * * * * * * * * * * * * * * * * /
void main( )
{
IT0 = 1;
IT1 = 1;
```

```
IE    = 0x85;
while(1)
{
  if(! key3)
    Count_A = 0;
  if(! key4)
    Count_B = 0;
  Show_Counts();
}
}
/* * * * * * * * * * * * * * * * * * * * * * * * * * * * * * * * * */
//函数名称:EX_INT0()
//函数说明:INT0 中断 中断向量号:0
//返回值:空
/* * * * * * * * * * * * * * * * * * * * * * * * * * * * * * * * * */
void EX_INT0() interrupt 0
{
EA = 0;
delay_ms(10);
Count_A ++ ;
EA = 1;
}
/* * * * * * * * * * * * * * * * * * * * * * * * * * * * * * * * * */
//函数名称:EX_INT1()
//函数说明:INT1 中断 中断向量号:2
//返回值:空
/* * * * * * * * * * * * * * * * * * * * * * * * * * * * * * * * * */
void EX_INT1() interrupt 2
{
EA = 0;
delay_ms(10);
Count_B ++ ;
EA = 1;
}
```

(2)程序运行结果

程序运行结果如图6.2所示。

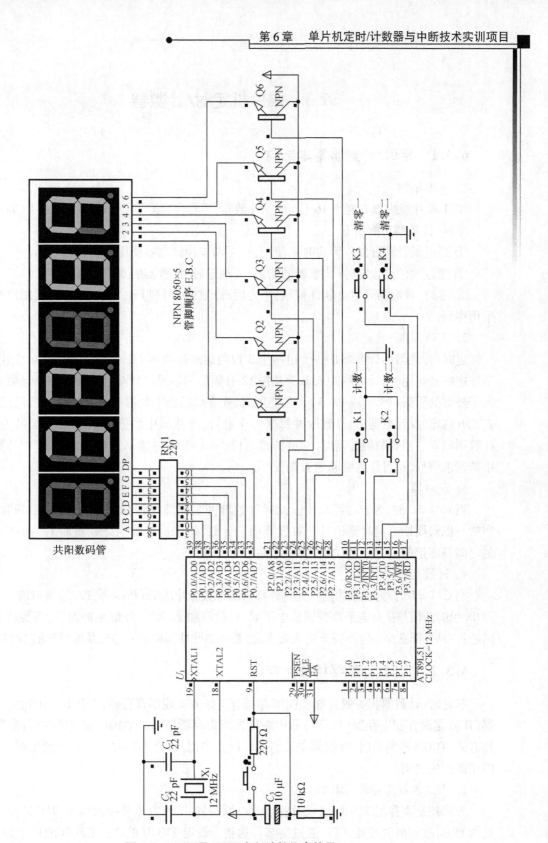

图 6.2 INT0 及 INT1 中断计数仿真结果

6.3　单片机定时/计数器

6.3.1　定时/计数器基本结构

1. 基本结构

8051 单片机内部有两个 16 位定时/计数器，简称为定时器 0(T0)和定时器 1(T1)。
定时/计数器功能如下：

① 通过设置既可以作为定时器使用，也可以作为计数器使用；

② 通过软件设置定时/计数器的初值，实现定时/计数器的参数设置；

③ 定时/计数器开启由软件控制，当定时/计数值为 FFFFH，标志位为 1，供用户查询或采用中断。

2. 工作原理

定时/计数器的计数器是一个由两个 8 位的加法计数器 TH 和 TL 构成的 16 位计数器，当作定时器使用时，计数脉冲来源于晶振 12 分频后的信号；当作计数器使用时，计数脉冲来源于外部的引脚(P3.4 或 P3.5)。在使用时，先在计数器中预置一个初值，并且设置工作方式。开启定时/计数器后，计数脉冲每来一个脉冲，计数器中的值就加 1，直到加满为止，再计数则归零。当计数值计满时，对应的标志位 TF0(或 TF1)置 1，此信号既是定时/计数器的中断请求信号，也可作为编程时查询使用。

3. 定时器

当 C/T = 0 时，为定时器功能。此时计数脉冲为内部时钟脉冲经 12 分频后的脉冲，其实就是机器周期。定时器相当于对机器周期计数，每个机器周期计数器加 1。而机器周期的时间是固定的，根据计数的次数可计算定时时间。

4. 计数器

当 C/T = 1 时，为计数功能。此时外部来的计数脉冲从 Tx(P3.4 或 P3.5)端口输入。当检测 Tx 引脚的信号从高电平跳变到低电平时，计数器加 1。对于外部脉冲而言，需要注意两个问题：一是外部脉冲一定要符合输入要求，二是外部脉冲频率不能超过晶振频率的 1/12。

6.3.2　定时/计数器相关寄存器

与定时/计数器相关的特殊功能寄存器有工作方式控制寄存器(TMOD)、中断允许寄存器(IE)、定时控制寄存器(TCON)和中断优先级寄存器(IP)。TMOD 设置定时/计数器的工作方式，TCON 控制定时/计数器的启停，IE 设置定时/计数器的中断，IP 设置定时/计数器的中断优先级别。

1. 方式控制寄存器 TMOD

方式控制寄存器 TMOD 用来设置定时/计数器的工作方式及控制模式，TDOM 的字节地址为 89H，故不能位寻址，CPU 通过字节传送指令设定 TMOD 的值。TMOD 的格式如表 6.6 所示，其中高 4 位控制 T1，低 4 位控制 T0。

表 6.6　TMOD 的格式

D7	D6	D5	D4	D3	D2	D1	D0
GATE	C/$\overline{T}$	M1	M0	GATE	C/T	M1	M0

GATE:门控制位,用来指定外部中断请求是否参与对定时/计数器的控制。当 GATE = 0 时,定时/计数器由定时控制寄存器中的 TR0(或 TR1)启动;当 GATE = 1 时,定时/计数器由外部中断请求信号 INT0(或 INT1)与 TRx 共同启动。

C/T:定时/计数方式选择位,用来指定定时或计数工作方式。当 C/T = 0 时,指定定时/计数器工作在定时工作方式;当 C/T = 1 时,指定定时/计数器工作在计数方式。

M1,M0:工作方式选择位,用来设定定时器的 4 种工作方式。4 种工作方式见第 1 章表 1.2。

2. 定时器控制寄存器 TCON

定时器控制寄存器 TCON 的字节地址为 88H,可位寻址,用于控制定时器/计数器的启停和计数溢出的标志设置,其格式如表 6.7 所示。

表 6.7　TCON 的格式

D7	D6	D5	D4	D3	D2	D1	D0
TF1	TR1	TF0	TR0	IE1	IT1	IE0	IT0

TR0,TR1:定时器启动控制位(TR0 控制 T0,TR1 控制 T1)。当 TRx = 1 时,启动。

定时/计数器工作(用 SETB TRx 指令);当 TRx = 0 时,停止定时/计数器工作(用 CLR TRx 指令)。

TF0,TF1:定时器溢出中断标志位。当定时/计数器溢出时,硬件自动将 TFx 置 1;当响应中断请求时,硬件可自动将它清 0。

IE0,IE1:外部中断源 INTx 中断请求标志位。

IT0,IT1:外部中断请求触发方式选择位。ITx = 1,为脉冲下降沿触发方式;ITx = 0,为低电平触发方式。

3. 中断控制寄存器 IE

中断控制寄存器 IE 决定中断的开关,其格式如表 6.8 所示。

表 6.8　IE 的格式

EA	×	×	ES	ET1	EX1	ET0	EX0

EA:中断允许总控制位。EA = 0,禁止所有中断源的请求;EA = 1,开放所有中断源的请求。

ES:串行中断允许设置位。ES = 0,禁止串行口中断;ES = 1,允许中断。

ET1,ET0:定时/计数器中断允许设置位。ETx = 0,禁止中断;ETx = 1,允许中断。

EX1,EX0:外部中断请求允许设置位。EXx = 0,禁止外部中断请求;EXx = 1,允许外部中断请求。

4. 中断优先级寄存器IP

中断优先级寄存器IP用于设置中断系统的优先级别，其格式和含义如表6.9所示。

表6.9　IP的格式

×	×	×	PS	PT1	PX1	PT0	PX0

PS:串行口中断优先级设置位。PS=1,则串行口设置为高优先级；PS=0,则为低优先级。

PT1,PT0:定时/计数器中断优先级设置位。PTx=1,为高优先级；PTx=0,则为低优先级。

PX1,PX0:外部中断请求中断优先级设置位。PXx=1,为高优先级；PXx=0,则为低优先级。

6.2.3　定时/计数器工作方式

1. 方式0

(1)方式0的特点

方式0是一个13位计数器,它由THx的8位和TLx的低5位组成。其内部结构如图6.3所示。

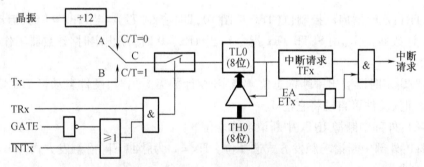

图6.3　方式0的结构示意图

(2)定时/计数值确定

定时值 = $(2^{13} - X) \times$ 机器周期。方式0的最大定时值为8.192 ms,计数值 = $(2^{13} - X)$。

2. 方式1

(1)方式1的特点

方式1是一个16位的计数器,与方式0相比,除计数位数不同外,其余都一样。

(2)定时值的确定

定时值 = $(2^{16} - X) \times$ 机器周期,最大定时值为65.53 ms,计数值 = $(2^{16} - X)$。

3. 方式2

(1)方式2的特点

方式2是可以重置初值的8位定时/计数器,其结构如图6.4所示。

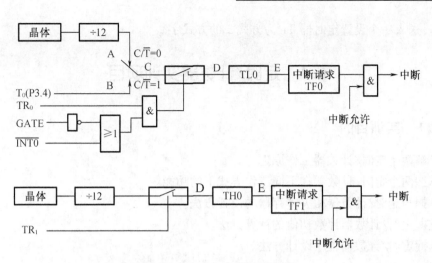

图6.4 方式2的结构示意图

（2）定时/计数值设定

定时值 = $(2^8 - X) \times$ 机器周期，计数值 = $(2^8 - X)$。

4. 方式3

方式3是一种较为特殊的工作方式，只适用于定时器T0，其结构如图6.5所示。

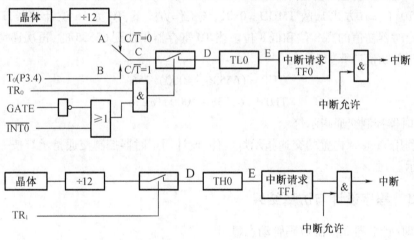

图6.5 方式3的结构示意图

在方式3下，T0被拆成两个独立的8位计数器TL0和TH0。TL0构成一个完整的8位定时/计数器，它占据了T0口的所有资源；而TH0则是一个只能对机器周期计数的8位定时器，它占用T1口的TR1和TF1资源。此时的T1只能作波特率发生器，可设置成方式0、方式1和方式2。方式3下各定时/计数器的控制如下。

（1）T0口在方式3下的控制

TL0的控制：开启/停止用TR0，溢出为TF0。

TH0的控制：开启/停止用TR1，溢出为TF1。

（2）T0在方式3下的T1口控制

启动：只要设置好工作方式，T1自动启动。

停止:送入一个设置定时器 T1 为方式 3 的方式字。

6.4 定时/计数器实训项目

6.4.1 实训目的

①了解两个定时/计数器工作原理。
②掌握两个定时/计数器在不同工作方式下的功能。
③掌握与定时/计数器相关寄存器的设置方法。
④掌握定时/计数器计数初值的计算方法。
⑤掌握定时/计数器程序设计方法。

6.4.2 实训原理

1. 定时/计数器 0 控制数码管动态显示

要求设置 T0 工作在方式 1,提供 4 ms 定时时长作为数码管数据刷新时间,单片机选择 12 MHz晶体振荡器。

方式 1 配置及初值计算如下。

由于 T0 工作在方式 1,故 TMOD = 0x01,该工作方式下,T0 为 16 位计数器,TH0 和 TL0 分别保存定时器初值的高 8 位和低 8 位。当 T0 寄存器累加到 65535 时,再次递增则产生计数溢出。计数初值计算如下

$$TH0 = (65536 - 4000)/256$$
$$TL0 = (65536 - 4000)\%256$$

2. 定时器控制交通指示灯

要求利用 Proteus 内置的交通指示灯组件,设计用定时器控制交通指示灯按一定时间间隔切换显示。

6.4.3 程序设计与仿真结果

1. 定时/计数器 0 控制数码管动态显示
(1)源程序

```
/* * * * * * * * * * * * * * * * * * * * * * * * * * * * * * * * * * * */
//项目名称:定时/计数器 0 控制数码管动态显示
//项目说明:T0 工作在方式 1,提供 4 ms 定时时长
/* * * * * * * * * * * * * * * * * * * * * * * * * * * * * * * * * * * */
#include  < reg51. h >
#include  < intrins. h >

#define unchar unsigned char
#define unint unsigned int
```

```c
unchar code DSY_CODE[ ] =
{0xc0,0xF9,0xA4,0xB0,0x99,0x82,0xF8,0x80,0x90,0xFF};

unchar code Table[ ][8] =
{{0,9,10,1,2,10,2,5},{2,1,10,5,7,10,3,9}};

unchar i = 0,j = 0;
unint t = 0;
/* * * * * * * * * * * * * * * * * * * * * * * * * * * * * * * * * * * */
//函数名称:主程序
/* * * * * * * * * * * * * * * * * * * * * * * * * * * * * * * * * * * */
void main( )
{
TMOD = 0x01;
TH0 = (65536 – 4000) > >8;
TL0 = (65536 – 4000)&0xFF;
IE = 0x82;
TR0 =1;
while(1);
}
/* * * * * * * * * * * * * * * * * * * * * * * * * * * * * * * * * * * */
//函数名称:DSY_Show( )
//函数说明:timer0 中断服务子程序 中断向量号:1
//返回值:空
/* * * * * * * * * * * * * * * * * * * * * * * * * * * * * * * * * * * */
void DSY_Show( ) interrupt 1
{
TH0 = (65536 – 4000) > >8;
TL0 = (65536 – 4000)&0xFF;
P0 = 0xFF;
P2 = ~(1 < <j);
P0 = DSY_CODE[Table[i][j]];
j = (j +1) % 8;
if( ++t! =350)
return;
t = 0;
i = (i +1) % 2;
}
```

（2）程序运行结果

程序运行结果如图6.6所示。

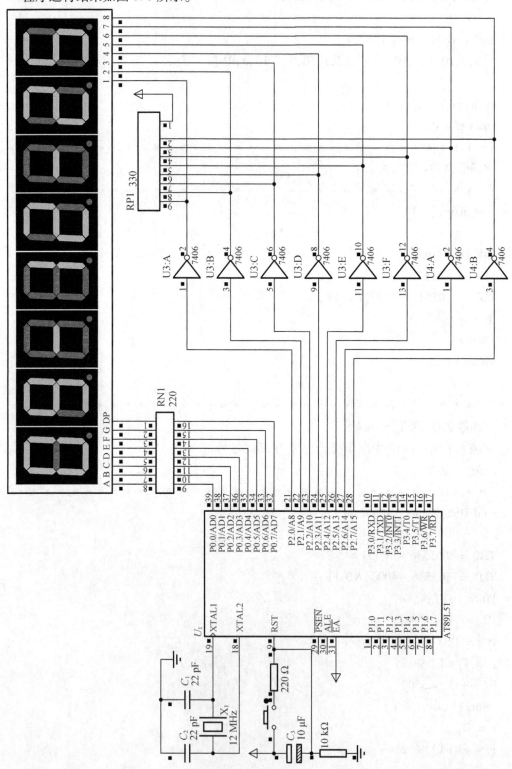

图6.6　定时/计数器0控制数码管动态显示仿真结果

2. 定时器控制交通指示灯

(1)源程序

```
/* * * * * * * * * * * * * * * * * * * * * * * * * * * * * * * * */
//项目名称:定时器控制交通指示灯
//项目说明:用定时器控制交通指示灯按一定时间间隔切换显示
/* * * * * * * * * * * * * * * * * * * * * * * * * * * * * * * * */
#include  < reg51. h >

#define unchar unsigned char
#define unint unsigned int

sbit RED_A  =  P0^0;
sbit YELLOW_A  =  P0^1;
sbit GREEN_A  =  P0^2;
sbit RED_B  =  P0^3;
sbit YELLOW_B  =  P0^4;
sbit GREEN_B  =  P0^5;

unchar Time_Count  =  0,
       Flash_Count = 0,
       Operation_Type  =  1;
/* * * * * * * * * * * * * * * * * * * * * * * * * * * * * * * * */
//函数名称:T0_INT( )
//函数说明:timer0 中断服务子程序 中断向量号:1
//返回值:空
/* * * * * * * * * * * * * * * * * * * * * * * * * * * * * * * * */
void T0_INT( ) interrupt 1
{
  TH0  =  -50000 / 256;
  TL0  =  -50000 % 256;
  switch(Operation_Type)
  {
    case 1: RED_A  =  0;YELLOW_A  =  0;GREEN_A  =  1;
            RED_B  =  1;YELLOW_B  =  0;GREEN_B  =  0;
            if( ++Time_Count !  = 100)
               return;
            Time_Count  =  0;
            Operation_Type  =  2;
```

```
                break;
        case 2: if( ++Time_Count != 8)
                    return;
                Time_Count = 0;
                YELLOW_A = ! YELLOW_A;
                GREEN_A = 0;
                if( ++Flash_Count != 10)
                    return;
                Flash_Count = 0;
                Operation_Type = 3;
                break;
        case 3: RED_A = 1;YELLOW_A = 0;GREEN_A = 0;
                RED_B = 0;YELLOW_B = 0;GREEN_B = 1;
                if( ++Time_Count != 100)
                    return;
                Time_Count = 0;
                Operation_Type = 4;
                break;
        case 4: if( ++Time_Count != 8)
                    return;
                Time_Count = 0;
                YELLOW_B = ! YELLOW_B;
                GREEN_B = 0;
                if( ++Flash_Count != 10)
                    return;
                Flash_Count = 0;
                Operation_Type = 1;
    }
}
/ * * * * * * * * * * * * * * * * * * * * * * * * * * * * * * * * * * * /
//函数名称:主程序
/ * * * * * * * * * * * * * * * * * * * * * * * * * * * * * * * * * * * /
void main( )
{
    TMOD = 0x01;
    IE = 0x82;
    TR0 = 1;
    while(1);
}
```

（2）程序运行结果

程序运行结果如图 6.7 所示。

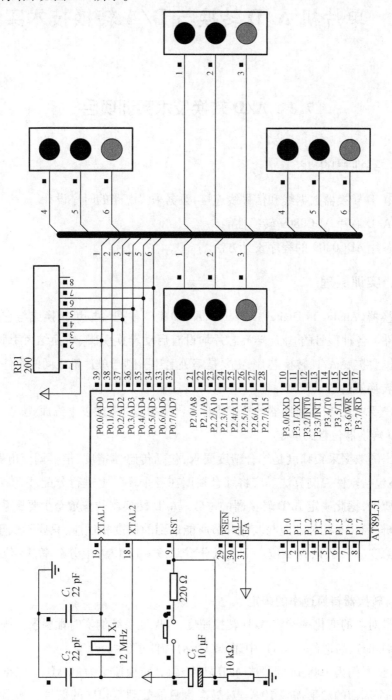

图 6.7　定时器控制交通指示灯仿真结果

第7章　单片机 A/D 转换与 D/A 转换技术实训项目

7.1　A/D 转换技术实训项目

7.1.1　实训目的

①了解 A/D 转换器数据线和信号线连接,数据采集电路的时序设计。

②了解 A/D 芯片 ADC0809 转换性能。

③掌握芯片 ADC0809 的程序设计方法。

7.1.2　实训原理

A/D 转换器(Analog to Digital Converter,ADC)是一种把模拟量转换成与它成正比数字量的电子器件。各种型号的 A/D 转换芯片均设有启动转换引脚、转换结束引脚、数据输出引脚。单片机要扩展 A/D 转换芯片,主要是解决上述引脚与单片机之间的硬件连接问题。

1. A/D 转换器的选取原则

依据用户要求及 A/D 转换器的技术指标选择 ADC,应考虑以下方面。

(1) A/D 转换器位数的确定

用户提出的数据采集精度是综合精度要求,包括传感器精度、信号调节电路精度、A/D 转换精度,还包括软件控制算法。应将综合精度在各个环节上进行分配,以确定对 A/D 转换器的精度要求,据此确定 A/D 转换器的位数。A/D 转换器的位数至少要比系统总精度要求的最低分辨率高 1 位,位数应与其他环节所能达到的精度相适应,只要不低于它们就行,太高也没有意义。一般认为 8 位以下为低分辨率,9 ~ 12 位为中分辨率,13 位以上为高分辨率。

(2) A/D 转换器转换速率的确定

根据信号对象的变化率确定 A/D 转换速度,以保证系统的实时性要求。按转换速度分为超高速(≤1 ns)、高速(≤1 μs)、中速(≤1 ms)和低速(≤1 s)等。

例如,转换时间为 100 μs 的集成 A/D 转换器,其转换速率为 10 kHz。根据采样定理和实际需要,一个周期的波形需采 10 个点,最高也只能处理 1 kHz 的信号。如果把转换时间减小到 10 μs,则信号频率可提高到 10 kHz。

(3)是否需要加采样/保持器

直流和变化非常缓慢的信号可不用采样/保持器;在快速信号采集,并且找不到高速的 ADC 芯片时,必须考虑加采样/保持电路;已经含有采样/保持器的芯片,只需连接外围器件即可。

（4）工作电压和基准电压

选择使用单一 +5 V 工作电压的芯片，与单片机系统共用一个电源就比较方便。基准电压源是提供给 A/D 转换器在转换时所需要的参考电压，在要求较高精度时，基准电压要单独用高精度稳压电源供给。

（5）A/D 转换器输出状态的确定

根据单片机接口特征，选择 A/D 转换器的输出状态。例如：A/D 转换器是并行输出还是串行输出；是二进制码还是 BCD 码输出；是用外部时钟、内部时钟还是不用时钟；有无转换结束状态信号；与 TTL,CMOS 及 ECL 电路的兼容性；与单片机接口是否方便等。

2. ADC0809 的结构及引脚功能

ADC0809 是一种 8 路模拟输入的 8 位逐次逼近式 A/D 转换器件，其采用 CMOS 工艺，具有较低的功耗，转换时间为 100 μs（当外部时钟输入频率 $f_c = 640$ kHz 时），其内部结构和引脚如图 7.1 所示。ADC0809 内部由 8 路模拟开关、地址锁存与译码器、8 位 A/D 转换电路和三态输出锁存器等组成。

8 路模拟开关根据地址译码信号选择 8 路模拟输入，允许 8 路模拟量分时输入，共用一个 A/D 转换器进行转换。地址锁存与译码电路完成对 ADDA,ADDB,ADDC（A,B,C）3 个地址位的锁存和译码，其译码输出用于通道选择。

8 位 A/D 转换器是逐次逼近式的，由控制与时序电路、比较器、逐次逼近寄存器 SAR、树状开关以及 256R 电阻阶梯网络等组成，实现逐次比较 A/D 转换，在 SAR 中得到 A/D 转换完成后的数字量。其转换结果通过三态输出锁存器输出，输出锁存器用于存放和输出转换得到的数字量，当 OE 引脚变为高电平时，就可以从三态输出锁存器取走 A/D 转换结果。三态输出锁存器可以直接与系统数据总线相连。

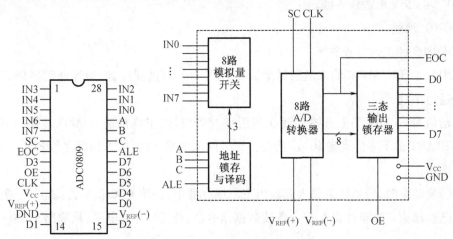

图 7.1　ADC0809 结构及引脚图

(a) ADC0809 引脚排列图；(b) ADC0809 结构框图

ADC0809 是 28 引脚 DIP 封装的芯片,各引脚功能如下。

①IN0 ~ IN7:8 路模拟量输入端,用于输入被转换的模拟电压。一次只能选通其中的某一路进行转换,选通的通道由 ALE 上升沿时送入的 ADDC,ADDB,ADDA 引脚信号决定。

②D7 ~ D0:8 位数字量输出端。

③ADDA,ADDB,ADDC(A,B,C):模拟输入通道地址选择线,其 8 位编码分别对应 IN0 ~ IN7,用于选择 IN0 ~ IN7 上哪一路模拟电压送给比较器进行 A/D 转换,CBA = 000 ~ 111 依次选择 IN0 ~ IN7。

④ALE:地址锁存允许端,高电平有效。高电平时把 3 个地址信号 ADDA,ADDB,ADDC 送入地址锁存器,并经过译码器得到地址输出,以选择相应的模拟输入通道。

⑤START(SC):转换的启动信号输入端,正脉冲有效,此信号要求保持在 200 ns 以上。加上正脉冲后,A/D 转换才开始进行(在正脉冲的上升沿,所有内部寄存器清零;在正脉冲的下降沿,开始进行 A/D 转换,在此期间 START 应保持低电平)。

⑥EOC:转换结束信号输出端。在 START 下降沿后 10 μs 左右。EOC = 0,表示正在进行转换;EOC = 1,表示 A/D 转换结束。EOC 常用于 A/D 转换状态的查询或作为中断请求信号。转换结果读取方式有延时读数、查询 EOC,EOC = 1 时申请中断。

⑦OE:允许输出控制信号,输入高电平有效。当转换结束后,如果从该引脚输入高电平,则打开输出三态门,允许转换后结果从 D0 ~ D7 送出;若 OE 输入 0,则数字输出口为高阻态。

⑧CLK:时钟信号输入端,为 ADC0809 提供逐次比较所需时钟脉冲。ADC 内部没有时钟电路,故需外加时钟信号。时钟输入要求频率范围一般在 10 kHz ~ 1.2 MHz,在实际运用中,需将主机的脉冲信号降频后接入。

⑨V_{REF}(+),V_{REF}(-):参考电压输入线,用于给电阻阶梯网络提供正负基准电压。

⑩V_{CC}: + 5 V 电源输入线。

⑪GND:地线。

ADC0809 的工作流程如下。

ADDA,ADDB,ADDC 输入的通道地址在 ALE 有效时被锁存,经地址译码器译码后从 8 路模拟通道中选通一路。

启动信号 START 的上升沿使逐次逼近寄存器复位,下降沿启动 A/D 转换,并使 EOC 信号在 START 的下降沿到来 10 μs 后变为无效的低电平,这要求查询程序等 EOC 无效后再开始查询。

当转换结束时,转换结果送入到输出三态锁存器中,并使 EOC 信号为高电平,通知单片机转换已经结束。当单片机执行一条读数据指令后,使 OE 为高电平,从输出端 D0 ~ D7 读出数据。

7.1.3　程序设计与仿真结果

1. 源程序

```
/ * * * * * * * * * * * * * * * * * * * * * * * * * * * * * * * * * * * * * * /
//项目名称:ADC0809 模数转换与显示
/ * * * * * * * * * * * * * * * * * * * * * * * * * * * * * * * * * * * * * * /
#include  < reg52. h >
#define uint unsigned int
#define uchar unsigned char

uchar code LEDData[ ] =
{
   0x3f,0x06,0x5b,0x4f,0x66,0x6d,0x7d,0x07,0x7f,0x6f
};
sbit OE   = P1^0;
sbit EOC = P1^1;
sbit ST   = P1^2;
sbit CLK = P1^3;

void DelayMS( uint ms)
{
   uchar i;
   while( ms -- )
   {
     for( i = 0 ;i < 120 ;i ++ );
   }
}


void Display_Result( uchar d)
{
   P2  = 0xf7;
   P0  = LEDData[ d% 10];
   DelayMS(5);
   P2  = 0xfb;
   P0  = LEDData[ d% 100/10];
```

```
    DelayMS(5);
    P2  = 0xfd;
    P0  = LEDData[d/100];
    DelayMS(5);
}


void main()
{
  TMOD  = 0x02;
  TH0   = 0x14;
  TL0   = 0x00;
  IE    = 0x82;
  TR0   = 1;
  P1    = 0x3f;
  while(1)
  {
    ST = 0;
    ST = 1;
    ST = 0;
    while(EOC == 0);
    OE = 1;
    Display_Result(P3);
    OE = 0;
  }
}


void Timer0_INT() interrupt 1
{
  CLK = ! CLK;
}
```

2. 程序运行结果

程序运行结果如图7.2所示。

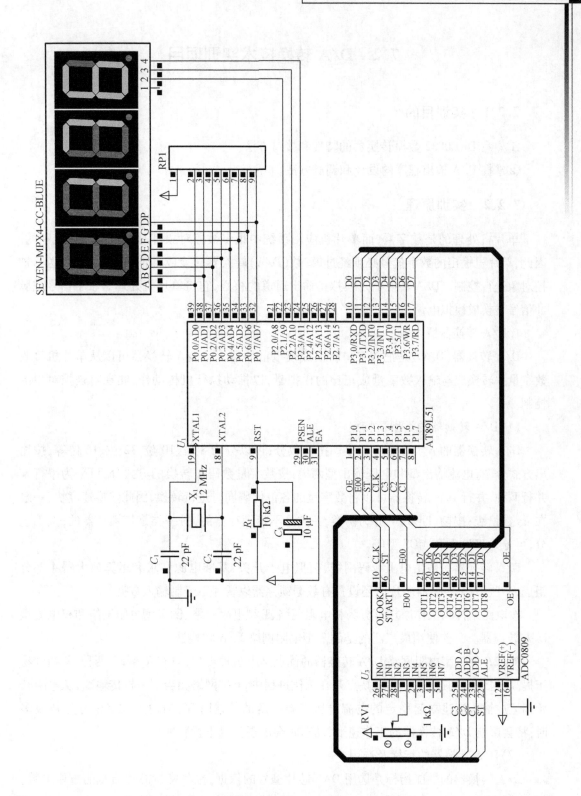

图 7.2 ADC0809 模数转换与显示程序运行结果

7.2 D/A转换技术实训项目

7.2.1 实训目的

①熟悉DAC0832数模转换器的特性和接口方法。
②掌握D/A输出程序的设计和调试方法。

7.2.2 实训原理

单片机处理的是数字量,而单片机应用系统中很多被控对象都是通过模拟量控制的。因此,单片机输出的数字信号必须经过模/数(D/A)转换器转换成模拟信号后,才能送给被控对象进行控制。D/A转换器是模拟量输出通道的核心,它将单片机处理的数字信号或脉冲信号转换成模拟电量。

1.D/A转换器概述

D/A转换器(DAC)是把数字量转换成模拟量的器件。D/A转换器可以从单片机接收数字量并转换成与输入数字量成正比的模拟量,以推动执行机构动作,实现对被控对象的控制。

(1)D/A转换器的类型及特点

D/A转换器的分类方法有很多。按位数分,可以分为8位、10位、12位、16位等;按输出方式分,有电流输出型和电压输出型两类;按数字量数码被转换的方式分,可分为串行和并行两种,并行D/A转换器可以将数字量的各位代码同时进行转换,因此转换速度快,一般在μs数量级;按接口形式可分为两类,一类是不带锁存器的,另一类是带锁存器的;按工艺分,可分为TTL型和MOS型等。

D/A转换器一般由电阻译码网络、模拟电子开关、基准电源和求和运算放大器4部分组成,一些D/A转换器芯片内还设置有数据锁存器以暂存二进制输入数据。

按电路结构和工作原理可分为权电阻网络、T型电阻网络、倒T型电阻网络和权电流型D/A转换器。目前使用最广泛的是倒T型电阻网络D/A转换器。

$R-2R$倒T型电阻网络D/A转换器的优点是电阻种类少,只有R和$2R$两种,其精度易于提高,也便于制造集成电路;缺点是在工作过程中,T型网络相当于一根传输线,从电阻开始到运放输入端建立起稳定的电流电压需要一定的传输时间,当输入数字信号位数较多时,将会影响D/A转换器的工作速度,动态时会出现尖峰干扰脉冲。

(2)D/A转换器的指标及选用

D/A转换器的性能指标是选用DAC芯片型号的依据,也是衡量芯片质量的重要参数。描述D/A转换器的性能指标很多,主要有分辨率、线性度、转换时间、输出电压范围、温度系数、输入数字代码种类(二进制或BCD码)等。

分辨率是D/A转换器对输入量变化敏感程度的描述,与输入数字量的位数有关。数字量位数越多,转换器对输入量变化的敏感程度也就越高。使用时,应根据分辨率的需要来选定转换器的位数。

转换时间体现 D/A 转换器的转换速度。转换器的输出形式为电流时,建立时间较短;输出形式为电压时,由于建立时间还要加上运算放大器的延时时间,因此建立时间要长一点。但总的来说,D/A 转换速度远高于 A/D 转换速度,快速的 D/A 转换器的建立时间可达 1 μs。选用 D/A 转换器时,还要注意以下两点。

①参考基准电压

D/A 转换中,参考基准电压是唯一影响输出结果的模拟参量,是 D/A 转换接口中的重要电路,对接口电路的工作性能、电路结构有很大影响。使用内部带有低漂移精密参考电压源的 D/A 转换器,既能保证有较好的转换精度,又可以简化接口电路。但目前 D/A 转换接口中常用的 D/A 转换器大多不带参考电源。为了方便地改变输出模拟电压的范围和极性,需要配置相应的参考电压源。D/A 接口设计中经常配置的参考电压源主要有精密参考电压源和三点式集成稳压电源两种形式。

②D/A 转换能否与 CPU 直接相配接

D/A 转换能否与 CPU 直接相配接,主要取决于 D/A 转换器内部有没有输入数据寄存器。当芯片内部集成有输入数据寄存器、片选信号、写信号等电路时,D/A 器件可与 CPU 直接相连,而不需另加寄存器;当芯片内没有输入寄存器时,它们与 CPU 相连,必须另加数据寄存器。一般用 D 锁存器,以便使输入数据能保持一段时间进行 D/A 转换,否则只能通过具有输出锁存器功能的 I/O 给 D/A 送入数字量。目前,D/A 转换器芯片的种类较多,对应用设计人员来说,只需要掌握 DAC 集成电路性能及其与计算机之间接口的基本要求,就可以根据应用系统的要求选用 DAC 芯片和配置适当的接口电路。

2. DAC0832 的内部结构及引脚功能

DAC0832 是一种常用的 DAC 芯片,是美国国民半导体公司(NS)研制的 DAC0830 系列 DAC 芯片的一种。DAC0832 是一个 DIP20 封装的 8 位 D/A 转换器,可以很方便地与 51 单片机接口。DAC0832 采用单电源供电,+5 ~ +15 V 均可正常工作,基准电压为 ±10 V;电流型输出,外接运算放大器可提供电压输出,电流建立时间为 1 μs,CMOS 工艺,低功耗 20 mW,片内设置两级缓冲,有单缓冲、双缓冲和直通 3 种工作方式。

DAC0832 内部结构及引脚如图 7.3 所示,主要由两个 8 位寄存器和一个 8 位 D/A 转换器以及控制逻辑电路组成。D/A 转换器采用 R - 2R T 型解码网络实现 8 位数据的转换。两个 8 位寄存器(输入寄存器和 DAC 寄存器)用于存放待转换的数字量,构成双缓冲结构,通过相应的控制信号可以使 DAC0832 工作于 3 种不同的方式。寄存器输出控制逻辑电路由 3 个与门电路组成,该逻辑电路的功能是进行数据锁存控制。当 $\overline{LE}=0$ 时,输入数据被锁存;当 $\overline{LE}=1$ 时,锁存器的输出跟随输入的数据。数据进入 8 位 DAC 寄存器,经 8 位 D/A 转换电路,就可以输出和数字量成正比的模拟电流。

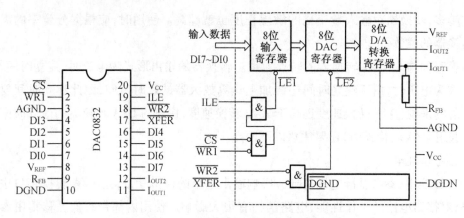

图7.3 DAC0832 外部引脚和内部结构图

DAC0832 有 20 个引脚,各引脚的功能如下。

$\overline{CS}$:片选信号,低电平有效,与 ILE 相配合,可对$\overline{WR1}$是否有效起到控制作用。

ILE:允许锁存信号,高电平有效。锁存信号LE1由 ILE,$\overline{CS}$,$\overline{WR1}$的逻辑组合形成。当 ILE 为高电平,$\overline{CS}$为低电平,$\overline{WR1}$为负脉冲时,LE1信号为正脉冲,这时输入锁存器的输出状态随数据输入线的状态而变化,LE1的负跳变锁存数据。

$\overline{WR1}$:写信号 1,低电平有效。当$\overline{WR1}$,$\overline{CS}$,ILE 均为有效时,将数据写入锁存器。

$\overline{WR2}$:写信号 2,低电平有效。当其有效时,在传送控制信号$\overline{XFER}$的作用下,可将锁存在输入锁存器的 8 位数据送到 DAC 寄存器。

$\overline{XFER}$:数据传送控制信号,低电平有效。当$\overline{XFER}$为低电平,$\overline{WR2}$输入负脉冲时,则在LE2产生正脉冲,此时 DAC 寄存器的输出与输入锁存器输出的状态相同,LE2的负跳变将输入锁存器输出的内容锁存在 DAC 寄存器。

V_{REF}:基准电压输入端,可在 $-10 \sim +10$ V 范围内调节。

DI7 ~ DI0:数字量数据输入端。

I_{OUT1},I_{OUT2}:电流输出引脚。电流 I_{OUT1} 与 I_{OUT2} 的和为常数,I_{OUT1},I_{OUT2} 随寄存器的内容线性变化。

R_{FB}:DAC0832 内部反馈电阻引脚。

V_{CC}:电源输入引脚,$+5 \sim +15$ V。

DGND,AGND:分别为数字信号地和模拟信号地。

7.2.3 程序设计与仿真结果

1. 源程序

```
/ * * * * * * * * * * * * * * * * * * * * * * * * * * * * * * * * /
//项目名称:用 DAC0832 生成锯齿波
/ * * * * * * * * * * * * * * * * * * * * * * * * * * * * * * * * /
#include < reg52. h >
#include < math. h >
sbit wr = P3^6;
```

```c
sbit cs = P3^7;

sbit fang = P1^4;
sbit ju = P1^5;
sbit san = P1^6;
sbit si = P1^7;

sbit k1 = P1^0;
sbit k2 = P1^1;
sbit k3 = P1^2;
sbit k4 = P1^3;
unsigned char i,sel;
void delay()
{
unsigned int a;
for(a = 0;a < 100;a ++);
}

void juchi()
{
for(i = 0;i < 255;i ++)
P2 = i;
}

void sanjiao()
{
for(i = 0;i < 255;i ++)
P2 = i;
for(i = 255;i > 0;i --)
P2 = i;
}
void fangbo()
{
P2 = ~ P2;
delay();
}

void inter0() interrupt 0
{

//sel ++;
```

155

```
    if( k1 ==0)
{
sel =0;
P1 =0X8F;
}
if( k2 ==0)
{
sel =1;
P1 =0X4F;
}
if( k3 ==0)
{ sel =2;
P1 =0X2F;}
if( sel > =4)
sel =0;
}

void main( )
{
wr =0;
cs =0;
i =0;
EA =1;
IT0 =0;
EX0 =1;
sel =0;    //CHANGE
fang =0;
ju =0;
san =0;
while(1)
{

switch( sel)
{ case 0:
fangbo( );break;
case 1:
sanjiao( );break;
case 2:
juchi( );break;}

}
}
```

2. 程序运行结果

程序运行结果如图 7.4 和图 7.5 所示。

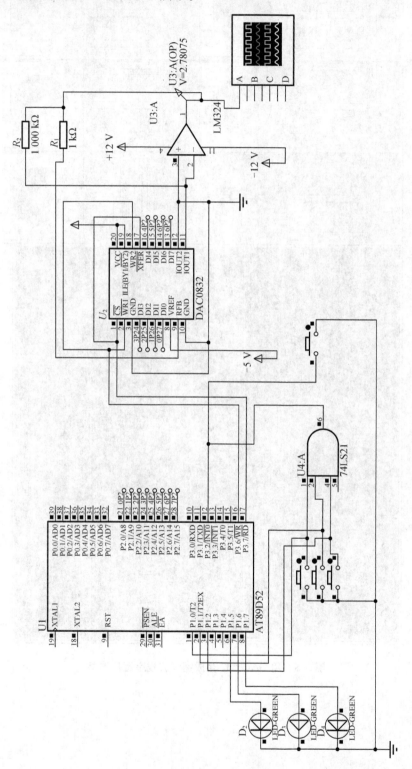

图 7.4 用 DAC0832 生成锯齿波程序

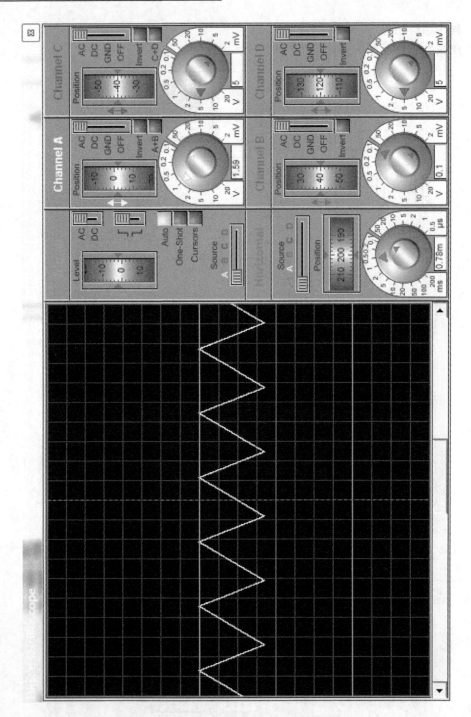

图7.5 用 DAC0832 生成锯齿波程序运行结果

第8章 单片机串行口通信实训项目

8.1 单片机串行接口

8.1.1 单片机串口结构

1. 8051 单片机串口结构

8051 单片机串行口方式 0 的结构如第 1 章中的图 1.11 所示,串行口方式 1、方式 2、方式 3 的结构如图 1.12 所示。单片机的串行口由数据缓冲寄存器 SBUF、移位寄存器、串行控制寄存器 SCON 组成。8051 单片机的串行接口是一个可编程的全双工通信接口,通过软件编程,串行口可作同步移位寄存器(同具有移位寄存器功能的芯片实现串入并出、并入串出)、通用异步接收和发送器使用(双机通信、多机通信)。

2. 串行口数据收发原理

发送数据:发送数据由累加器 A 送入发送缓冲寄存器 SBUF,在发送控制器控制下组成帧结构,并自动以串行方式从 TXD 输出,每发送完一帧数据,TI 置位。通过中断或查询 TI 了解数据的发送情况。值得注意的是,TI 只能用软件复位。

接收数据:单片机每接收完一帧数据,RI 置位,通过中断或查询 RI 了解数据的接收情况,然后将接收缓冲寄存器(SBUF)的值送累加器 A。RI 与 TI 一样,也只能用软件复位。

8.1.2 单片机串口工作方式

8051 单片机通过编程可选择 4 种串行通信工作方式。

1. 方式 0

在方式 0 下,串行口作同步移位寄存器,以 8 位数据为 1 帧,从低位开始发送和接收,每个机器周期发送或接收 1 位,波特率为 $\frac{f_{osc}}{12}$。串行数据由 RXD 端输入或输出,同步移位脉冲由 TXD 端输出。方式 0 数据发送与接收无起始位和停止位、无发送或接收最低位。数据格式如表 8.1 所示。

表 8.1　方式 0 的数据格式

—	D0	D1	D2	D3	D4	D5	D6	D7	—

2. 方式 1

在方式 1 下,串行口为 10 位通用异步接口,数据格式如表 8.2 所示。

表 8.2　方式 1 的数据格式

—	0	D0	D1	D2	D3	D4	D5	D6	D7	1	—

发送数据：当执行发送指令时，CPU 将数据写入发送缓冲寄存器 SBUF，数据从引脚 TXD 端输出，当发送完 1 帧数据后，TI 标志位置 1，用中断或查询 TI 了解数据发送情况。

接收数据：接收时，先设置 REN 为 1，使串行口处于允许接收状态，串行口采样到 RXD 由 1 到 0 时，确认是起始位 0，就开始接收数据。当接收完一帧数据时，中断标志位 RI 置 1，用中断或查询 RI 了解数据接收情况，当 RI 为 1 时，通知 CPU 从 SBUF 读取数据。

3. 方式 2 和方式 3

方式 2 和方式 3 均为 11 位异步通信方式，只是波特率的设置方法不同，数据格式如表 8.3 所示。

表 8.3　方式 2 和方式 3 的数据格式

—	0	D0	D1	D2	D3	D4	D5	D6	D7	D8	1	—

发送数据：发送前，先设置 SCON 的 TB8，然后将要发送的数据写入 SBUF 即可启动发送器。

接收数据：接收时，先设 REN 为 1，使串行口处于允许接收状态。在满足该条件的前提下，再根据 SM2 的状态和所接收到的 RB8 的状态，决定串行口接收数据后是否使 RI 置 1。

当 SM2 = 0 时，不管 RB8 为 0 还是为 1，RI 都置 1，串行口接收数据。

当 SM2 = 1，RB8 为 1 时，表示多机通信，所接收的数据为地址帧，RI 置 1，串行口接收发来的地址数据。

当 SM2 = 1，RB8 为 0 时，表示接收到的为数据，RI 不置 1，SBUF 中所接收的数据帧将丢失。

8.1.3　单片机串行口控制

单片机串行通信与 SCON（串行控制寄存器）、PCON（电源控制寄存器）、SBUF（串行口发送/接收缓冲区）、IE（中断允许寄存器）、IP（中断优先级）、TCON（定时控制寄存器）、TDOM（方式控制寄存器）有关。

1. 串行控制寄存器 SCON

SCON 是一个可位寻址的专用寄存器，用于串行数据通信的控制，位功能如表 8.4 所示。

表 8.4　SCON 的位功能

SM0	SM1	SM2	REN	TB8	RB8	TI	RI

SM0，SM1：串行口工作方式选择位，工作方式选择如表 8.5 所示。

表 8.5　串行口工作方式

SM0	SM1	工作方式	SM0	SM1	工作方式
0	0	0	1	0	2
0	1	1	1	1	3

SM2：多机通信控制位。在方式 2 或方式 3 下，如果 SM2 = 1，当 RB8 = 1（RB8 为收到的第 9 位数据），则 RI 置 1，允许从 SBUF 取出数据，否则丢失数据。在方式 2 或方式 3 下，如果 SM2 = 0，无论 RB8 = 0 或 1，接收数据装入 SBUF，并产生中断（RI = 1）。在方式 1 下，如果 SM2 = 1，则只有接收到有效的停止位时才激活 RI。如果 SM2 = 0，接收一帧数据，停止位进入 RB8，数据进入 SBUF 才激活 RI。在方式 0 下，SM2 只能为 0。

REN：允许接收位，由软件置位或清 0。REN = 1，允许接收；REN = 0，禁止接收。

TB8：发送数据位。在方式 2 或方式 3 下，将要发送的第 9 位数据放在 TB8 中。可根据需要由软件置位或复位。在多机通信中，TB8 = 0 表示主机发送的是数据，TB8 = 1 表示主机发送的是地址。

RB8：接收数据位。方式 0 不使用这位。方式 1 下，如果 SM2 = 0，RB8 的内容是接收到的停止位。在方式 2 或方式 3 下，存放接收到的第 9 位数据。

TI：发送中断标志位。在方式 0 下，发送完第 8 位数据时，TI = 1。在其他方式下，开始发送停止位时，TI = 1。在任何工作方式下，TI 必须由软件清 0。

RI：接收中断标志位。在方式 0 下，接收完第 8 位数据时，RI = 1。在其他方式下，接收到停止位时，RI = 1。在任何工作方式下，RI 必须由软件清 0。

2．串行口波特率设置

串行口波特率设置与串行口工作方式及定时控制寄存器 TCON、方式控制寄存器 TDOM 及电源控制寄存器有关。串行口波特率与工作方式的关系如表 8.6 所示。

表 8.6　串行口波特率与工作方式的关系

工作方式	功能	波特率
0	同步移位寄存器	$f_{osc}/12$
1	8 位格式	$2^{SMOD}/32 \times T1$ 溢出率
2	9 位格式	$f_{osc}/32$ 或 $f_{osc}/64$
3	9 位格式	$2^{SMOD}/32 \times T1$ 溢出率

（1）T1 溢出率的计算

在串行通信方式 1 和方式 3 下，使用定时器 T1 作为波特率发生器。T1 可以工作在方式 0、方式 1 和方式 2，由于方式 2 具有自动重装功能，因此选用方式 2，有

$$溢出周期 = (\frac{12}{f_{osc}}) \times (256 - X)$$

$$溢出率 = 1/溢出周期$$

式中，X 为定时器初值，f_{osc} 为晶振频率。

（2）波特率的计算

方式 0 和方式 2 的波特率为

$$方式\ 0\ 的波特率 = \frac{f_{osc}}{12}$$

$$方式\ 2\ 的波特率 = (2^{SMOD}/64) \times f_{osc}$$

方式 1 和方式 3 的波特率为

$$方式\ 1\ 和方式\ 3\ 的波特率 = 2^{SMOD} \times f_{osc}/[32 \times 12 \times (256 - X)]$$

（3）波特率的设置

TMOD：T0 工作在方式 3，T1 工作在方式 2。

PCON：只有工作在方式 1、方式 2、方式 3 时，如果 PCON 的 SMOD 位为高电平，则波特率加倍，PCON 的工作方式见表 8.7。

表 8.7　PCON 的工作方式

SMOD	—	—	—	—	—	—	—

计算定时器初值：定时器初值由波特率 $= 2^{SMOD} \times f_{osc}/[32 \times 12 \times (256—X)]$ 计算得到。

中断设置：

ES = 1　　　;开串行中断

EA = 1　　　;中断启动

串行中断优先级由中断优先控制寄存器 IP 中的 PS 位决定，PS 为 1，则为高级。

3. 作移位寄存器设置

由于串行口作为移位寄存器使用时，波特率是 $f_{osc}/12$，是固定的，因此只要设置 SCON 即可。

4. 双机通信设置

串行口实现双机通信，应保持双机工作在相同的工作方式和相同的波特率。串行口双机通信是通过设置 SCON，IE，TMOD，PCON 实现的。

SCON 的设置：SM0，SM1 可设置为 01，10，11 中的任一种，SM2 设置为 0。

IE 的设置：用 SETB EA 和 SETB ES 指令开放串行中断，注意串行中断的入口地址为 23H。

波特率设置：将定时器 T0 工作在方式 3，T1 工作在方式 2，定时器初值用专用的波特率计算公式求得。

5. 多机通信设置

主机设置在工作方式 2 或方式 3，REN = 1，TB8 = 1，SM2 = 1；从机设置在方式 2 或方式 3，REN = 1，SM2 = 1。主机与从机通信之前，主机先发送一个地址数据给从机，从机接收到主机发来的数据。若第 9 位 RB8 = 1，则置位中断标志位 RI，并在中断后判断主机送来的地址与本机是否相同。若相同,则被寻址的从机设置成 SM2 = 0,准备接收即将从主机送来的数据;若与本机地址不同,则保持 SM2 = 1 的状态。

当主机发送数据时,应置 TB8 为 0。此时,虽各从机处于接收状态,但由于 TB8 = 0,所以只有 SM2 = 0 的从机才接收数据,其余从机保持 SM2 = 1 状态。下面将多机通信设置总结如下:

①主、从机均初始化为方式 2 或方式 3,允许接收,且 SM2 = 1;

②主机置 TB8 = 1,然后发送要寻址的地址;

③所有从机均接收主机发送的地址,并进行地址比较;

④符合本机地址的从机,置本机 SM2 = 0,不符合本机地址的从机,维持不变;

⑤主机置 TB8 = 1,然后发送数据,只有 SM2 = 0 的从机接收数据;

⑥本次通信结束,被寻址从机重置 SM2 = 1,主机置 TB8 = 1,恢复原来的多机通信状态。

8.2　单片机串行接口实训项目

8.2.1　实训目的

①了解 RS - 232 接口及 MAX232 芯片功能原理。
②掌握与串行通信相关寄存器的功能及读写方法。
③掌握双机通信程序设计方法。
④掌握 PC 与单片机通信原理及程序设计方法。

8.2.2　实训原理

1. RS - 232 接口及 MAX232 驱动器简介

RS - 232 是使用最为广泛的一种串行接口,它被定义为一种低速率串行通信中增加通信距离的单端标准。RS - 232 采取不平衡传输方式,即所谓单端通信。一个完整的 RS - 232接口有 22 根线,采用标准的 25 芯接口(DB - 25),目前广泛应用的是 9 芯的 RS - 232接口(DB - 9)。它们的外观都是 D 形的,对连接的两个接口又分为针式和孔式两种。在连接距离上,如果通信速率低于 20 kB/s 时,RS - 232 直接连接的设备之间最大物理距离为 15 m。图 8.1 给出了标准的 9 针 RS - 232 连接头实物和引脚,表 8.8 给出了 DB9 连接头中各引脚的功能说明。

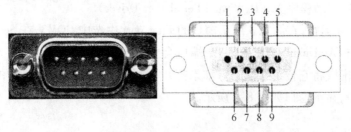

图 8.1　标准 9 针 RS - 232 连接头实物与引脚

表 8.3 RS - 232DB9 连接头引脚功能

引脚号	缩写符	信号方向	说明	引脚号	缩写符	信号方向	说明
1	DCD	输入	载波检测	6	DSR	输入	数据装置准备好
2	RXD	输入	接收数据	7	RTS	输出	请示发送
3	TXD	输出	发送数据	8	CTS	输入	清除发送
4	DTR	输出	数据终端准备好	9	RI	输入	振铃指示
5	GND	公共端	信号地				

为了将 PC 的串行口 RS - 232 信号电平(- 10 V, + 10 V)转换为单片机所用到的 TTL 信号电平(0 V, + 5 V),常使用的串口收/发器是 MAX232,图 8.2 给出了 MAX232 系列收/发器的引脚功能及典型工作电路。

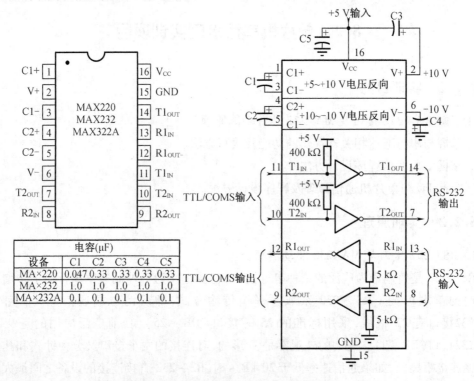

图 8.2 MAX232 功能引脚及典型电路

2. 虚拟串口驱动程序 VSPD(Virtual Serial Port Driver)

安装 VSPD 并运行,在图 8.3 所示窗口的 First port 中选中 COM3,在 Second port 中选择 COM4,然后单击"Add pair"按钮,这两个端口会立即出现在左边的 Virtual Serial Ports 分支下,且会有蓝色虚线将它们连接起来。如果打开 PC 的设备管理器,在其中的端口下会发现多出了两个串口,显示窗口如图 8.4 所示。

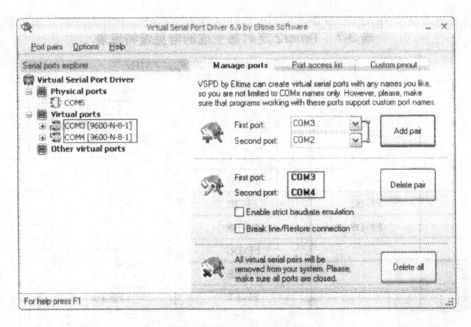

图 8.3　虚拟串口驱动软件

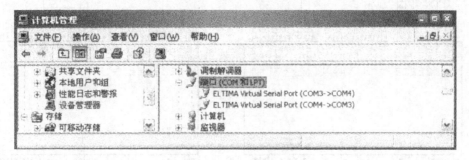

图 8.4　计算机接口管理

将这两个串口中的 COM4 分配给 Proteus 中的 COMPIM 组件使用,COM3 分配给串口助手使用。由于 COM3 与 COM4 这两个虚拟串口已经由虚拟串口驱动程序 VSPD 虚拟连接,运行同一台 PC 中的串口调试助手软件和 Proteus 中的单片机仿真系统时,两者之间就可以进行正常通信了,效果如同使用物理串口连接一样。

3. 实训内容

(1)双机串口双向通信

在仿真电路中的两片单片机振荡器频率均配置为 11.0592 MHz,二者的串口均工作在方式 1,电路如图 8.5 所示,两块单片机完成如下双向控制任务。

①甲机按键依次按下时可分别控制乙机的 VD1,VD2 分别或同时点亮与熄灭,且甲机的 LED 与乙机的 LED 同步动作。

②乙机按键依次按下时将向甲机发送数字 0~9,甲机接收后在共阳数码管上显示。

(2)PC 与单片机双向通信

要求单片机可接收 PC 的串口调试软件所发送的数字串,并逐个显示在数码管上,当按下单片机系统的 K1 按键时,单片机串口发送给字符串将显示在串口调试软件接收窗口上,电路如图8.6所示。

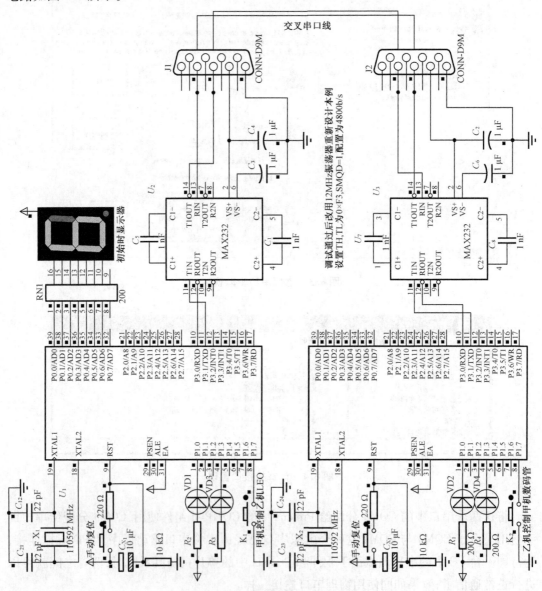

图 8.5　双机通信仿真结果

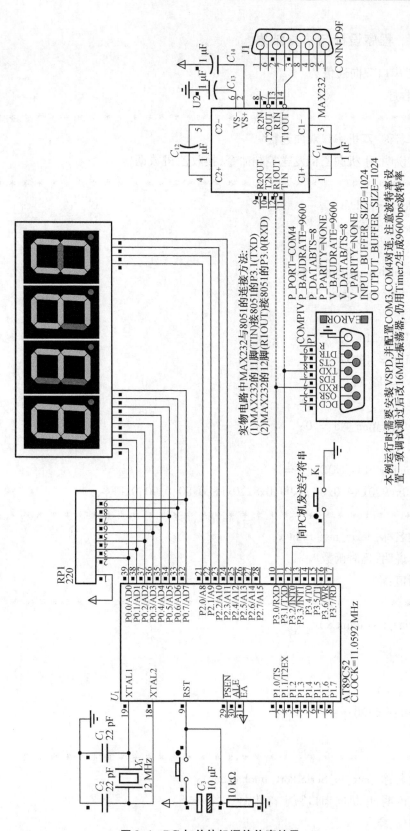

图 8.6　PC 与单片机通信仿真结果

8.2.3 程序设计与仿真结果

1. 双机串口双向通信

(1)源程序

```
/* * * * * * * * * * * * * * * * * * * * * * * * * * * * * * * * * * */
//项目名称:双机串口双向通信
//项目说明:甲机向乙机发送控制命令,接收乙机数据
/* * * * * * * * * * * * * * * * * * * * * * * * * * * * * * * * * * */
#include  < reg51. h >
#include  < intrins. h >


#define unchar unsigned char
#define unint unsigned int


sbit LED1  =  P1^0;
sbit LED2  =  P1^3;
sbit key  =  P1^7;


unchar Operation_No  =  0;


const unchar SEG_CODE[ ] =
{0xc0,0xF9,0xA4,0xB0,0x99,0x82,0xF8,0x80,0x90,0xFF};
/* * * * * * * * * * * * * * * * * * * * * * * * * * * * * * * * * * */
//函数名称:delay_ms( unint x)
//函数说明:延时函数
//返回值:空
/* * * * * * * * * * * * * * * * * * * * * * * * * * * * * * * * * * */
void delay_ms( unint x)
{
unint y;
while( x -- )
for( y =0;y <120;y ++ );
}
/* * * * * * * * * * * * * * * * * * * * * * * * * * * * * * * * * * */
//函数名称:putc_to_SerialPort( unchar c)
//函数说明:甲机向串口写字符数据
//返回值:空
/* * * * * * * * * * * * * * * * * * * * * * * * * * * * * * * * * * */
```

```
void putc_to_SerialPort( unchar c )
{
SBUF = c;
while( TI ==0 );
TI = 0;
}
/* * * * * * * * * * * * * * * * * * * * * * * * * * * * * * * * * * * * */
//函数名称:主程序
/* * * * * * * * * * * * * * * * * * * * * * * * * * * * * * * * * * * * */
void main( )
{
LED1 = LED2 = 1;
P0 = 0xBF;
SCON = 0x50;
TMOD = 0x20;
PCON = 0x00;
TH1 = 0xFD;
TL1 = 0xFD;
TI = 0;
RI = 0;
ES = 1;
EA = 1;
while( 1 )
{
  if( key == 0 )
  {
    delay_ms( 10 );
    if( key == 0 )
      while( key == 0 );
    else
      continue;
    if( ++ Operation_No == 4 )
      Operation_No = 0;

    //发送 X/A/B/C
    switch( Operation_No )
    {
      case 0: putc_to_SerialPort( 'X' );
```

```
                    LED1  =  LED2  =  1;
                    break;
          case 1: putc_to_SerialPort('A');
                    LED1  =  0;LED2  =  1;
                    break;
          case 2: putc_to_SerialPort('B');
                    LED1  =  1;LED2  =  0;
                    break;
          case 3: putc_to_SerialPort('C');
                    LED1  =  LED2  =  0;
                    break;
        }
      }
    }
}
/* * * * * * * * * * * * * * * * * * * * * * * * * * * * * * * * * * * * */
//函数名称:Serial_INT( )
//函数说明:甲机串口中断服务子程序 中断向量号:4
//返回值:空
/* * * * * * * * * * * * * * * * * * * * * * * * * * * * * * * * * * * * */
void Serial_INT( )  interrupt 4
{
if( RI)
{
  RI  =  0;
  if( SBUF >  =0&&SBUF <  =9)
    P0  =  SEG_CODE[SBUF];
  else
    P0  =  0xFF;
}
}


/* * * * * * * * * * * * * * * * * * * * * * * * * * * * * * * * * * * * */
//项目名称:双机串口双向通信
//项目说明:乙机接收甲机发送控制命令和数据并完成相关动作
/* * * * * * * * * * * * * * * * * * * * * * * * * * * * * * * * * * * * */
#include  < reg51. h >
#include  < intrins. h >
```

```
#define unchar unsigned char
#define unint unsigned int

sbit LED1 = P1^0;
sbit LED2 = P1^3;
sbit key = P1^7;

unchar num = 0xFF;
/* * * * * * * * * * * * * * * * * * * * * * * * * * * * * * * * * * * * * */
//函数名称:delay_ms( unint x)
//函数说明:延时函数
//返回值:空
/* * * * * * * * * * * * * * * * * * * * * * * * * * * * * * * * * * * * * */
void delay_ms( unint x)
{
  unint y;
  while( x --)
    for( y = 0; y < 120; y ++);
}
/* * * * * * * * * * * * * * * * * * * * * * * * * * * * * * * * * * * * * */
//函数名称:主程序
/* * * * * * * * * * * * * * * * * * * * * * * * * * * * * * * * * * * * * */
void main( )
{
  LED1 = LED2 = 1;
  SCON = 0x50;
  TMOD = 0x20;
  TH1 = 0xFD;
  TL1 = 0xFD;
  PCON = 0x00;
  TI = 0;
  RI = 0;
  TR1 = 1;
  IE = 0x90;
  while( 1)
  {
    if( key == 0)
```

```c
    {
        delay_ms(10);
        if(key == 0)
            while(key == 0);
        else
            continue;
        if( ++num == 11)
            num == 0;
        SBUF = num;
        while(TI == 0);
        TI = 0;
    }

  }

}

/* * * * * * * * * * * * * * * * * * * * * * * * * * * * * * * * * * * */
//函数名称:Serial_INT()
//函数说明:乙机串口中断服务子程序 中断向量号:4
//返回值:空
/* * * * * * * * * * * * * * * * * * * * * * * * * * * * * * * * * * * */
void Serial_INT() interrupt 4
{
  if(RI)
  {
    RI = 0;
    switch(SBUF)
    {
      case 'X':LED1 =1;
              LED2 =1;
              break;
      case 'A':LED1 =0;
              LED2 =1;
              break;
      case 'B':LED1 =1;
              LED2 =0;
              break;
      case 'C':LED1 =0;
              LED2 =0;
    }
```

```
    }
}
```

（2）程序运行结果

程序运行结果如图8.5所示。

2. PC 与单片机双向通信

（1）源程序

```
/* * * * * * * * * * * * * * * * * * * * * * * * * * * * * * * * * */
//项目名称:PC 与单片机双向通信
//项目说明:应用串口助手与单片机进行通信
/* * * * * * * * * * * * * * * * * * * * * * * * * * * * * * * * * */
#include  < reg52. h >
#include  < intrins. h >
#include  < stdio. h >


#define unchar unsigned char
#define unint unsigned int

#define OSC    11059200

unchar code SEG_CODE[ ] =
{0x3F,0x06,0x5B,0x4F,0x66,0x6D,0x7D,0x07,0x7F,0x6F,0x40} ;

unchar Rn[ ]  =  {10,10,10,10} ;
/* * * * * * * * * * * * * * * * * * * * * * * * * * * * * * * * * */
//函数名称:delay_ms( unint x)
//函数说明:延时函数
//返回值:空
/* * * * * * * * * * * * * * * * * * * * * * * * * * * * * * * * * */
void delay_ms( unint x )
{
unint y;
while( x -- )
  for( y = 0;y < 120;y ++ ) ;
}
/* * * * * * * * * * * * * * * * * * * * * * * * * * * * * * * * * */
//函数名称:Init_UART_uT1( )
//函数说明:串口初始化,使用 timer1 定时器
```

```
//返回值:空
/* * * * * * * * * * * * * * * * * * * * * * * * * * * * * * * * * * */
void Init_UART_uT1( )
{
SCON = 0x50;
TMOD = 0x20;
PCON = 0x00;
TH1 = TL1 = -OSC/384/9600;
TR1 = 1;
}
/* * * * * * * * * * * * * * * * * * * * * * * * * * * * * * * * * * */
//函数名称:Init_UART_uT2( )
//函数说明:串口初始化,使用 timer2 定时器
//返回值:空
/* * * * * * * * * * * * * * * * * * * * * * * * * * * * * * * * * * */
void Init_UART_uT2( )
{
RCAP2H = 0xFF;
RCAP2L = -OSC/32/9600;
SCON   = 0x50;
T2CON  = 0x30;
PCON   = 0x00;
TR2    = 1;
}
/* * * * * * * * * * * * * * * * * * * * * * * * * * * * * * * * * * */
//函数名称:主程序
/* * * * * * * * * * * * * * * * * * * * * * * * * * * * * * * * * * */
void main( )
{
unchar i;
Init_UART_uT2( );
EX0 = 1;
IT0 = 1;
ES = 1;
EA = 1;
while(1)
{
   for(i =0;i <4;i ++ )
```

```
    {
        P0 = 0x00;
        P2 = ~(1 < <i);
        P0 = SEG_CODE[Rn[i]];
        delay_ms(4);
    }
}
}
```

/ * /
//函数名称:rec_dig( )
//函数说明:串口接收数据中断服务程序
//返回值:空
/ * /

```
void rec_dig( ) interrupt 4
{
static unchar i = 0;
unchar c;
if(RI)
{
    RI = 0;
    c = SBUF;
    if(c == #')
        i = 0;
    else
        if(c > = 0&&c < = 9')
        {
            Rn[i++] = c - 0';
            if(i == 4)
            i = 0;
        }
}
}
```

/ * /
//函数名称:EX_INT0( )
//函数说明:INT0 中断发送字符串
//返回值:空
/ * /

```
void EX_INT0( ) interrupt 0
```

```
{
    unchar * p = "这是由 8051 单片机发送的字符串!!! \r\n";
    unchar i = 0;
    while(p[i] ! = '\0')
    {
        SBUF = p[i ++];
        while(TI == 0);
        TI = 0;
    }
}
```

(2)程序运行结果

程序运行结果如图 8.6 所示。

参 考 文 献

［1］曹建树. 单片机原理与应用实例[M]. 北京:机械工业出版社,2014.

［2］林立,张俊亮. 单片机原理及应用 – 基于 Proteus 和 Keil C[M]. 北京:电子工业出版社,
2014.

［3］江世明. 基于 Proteus 的单片机应用技术[M]. 北京:电子工业出版社,2009.

［4］彭伟. 单片机 C 语言程序设计实训 100 例 – 基于 8051 + Proteus 仿真[M]. 北京:电子工业出版社,2009.

［5］李全利. 单片机原理及接口技术[M]. 2 版. 北京:高等教育出版社,2009.